食品知識ミニブックスシリーズ

〈改訂３版〉

食用油脂入門

齊藤　昭　監修

日本食糧新聞社

刊行にあたって

食用油脂については、マスコミ等による健康関連報道の拡大等を反映して、健康面等での植物油の機能が見直され、小売店における食用油売場の注目度が高まるなど、植物油市場の活性化が進んだことは評価に値するものです。日本植物油協会の最新のアンケート調査でもオリーブ油、ごま油、あまに油、えごま油、米油など多様な油が注目を集めており、コロナ禍にあっても、家庭の食卓に登場するメニューへの使用頻度が増えているところです。業界としても、こうした動向を踏まえ一時的ブームに終わらせることなく、新型コロナ禍で生じた閉塞感を打破し「新たな植物油の時代」を創出していくためにも、食用油全体の価値評価をより継続的かつ広がりのあるものとする市場活性化に向け、さらなる努力を傾注する必要があると考えます。

植物油については、最近の研究で、「健康の維持増進機能」が見直されていることに加え、他の食材のおいしさを引き出す「第6の味」としての機能が確認されました。栄養素としての脂質の供給という面だけではなく、「おいしさを演出する素材」として家庭における調理や加工食品製造の領域を広げ、食生活発展の一翼を担っているところです。これに合わせて、供給する植物油の種類も多様で豊富なものとなり、それぞれの用途・目的に合わせて植物油の味や香りを愉しみながら選択していただけるようになりました。

こうした状況下、植物油の供給については、大きな変化が生じています。最近の油脂価格の高騰とその後の高止まりの状況は、供給面で温暖化に伴う異常気象もその背景にありますが、需要面で、植物油の優れた健康効果が世界的に認められ食用需要が一貫して増加していることや、SDGsの採択もあり、カーボンニュートラルの世界的潮流の下、バイオ燃料等の非食用工業需要も一貫して拡大するなど、需給両面で構造的変化が進展していることにあります。とりわけ、バイオ燃料需要の着実な拡大に伴い、これまでにない食用と非食用（工業用途等）の競合が進展。「食糧の安全保障」が改めて大きなテーマとなって来たところです。とりわけ油糧原料の価格高騰は一過性のものではなく、長期的に継続する構造変化であり、これがもたらす需給と価格構造の変化に即応した国内市場の構築が私どもの喫緊の課題となってきたところです。

植物油業界は、こうした厳しい油糧事情の中で、消費者の皆様に安全で安心な商品を安定的に届けるためにも、植物油の価値に相応した適正価格実現の取り組みを粘り強く継続し、命を守る植物油のサステナブルな供給責務を果たしていくことがますます重要になってきているところです。

本書は、このような変化を踏まえて、食用油脂、とくに植物油の特質、栄養機能、製造法、生産と消費、流通などの基礎知識を正確にお伝えするものとして編集しています。脂質栄養学は国際的レベルで日に日に進歩し、新しい情報の登場とともに、これまでの常識が覆され、植物油の持つ素晴らしい価値がいろいろな角度から解明されてきているのが実態です。

そして、世界でもっとも多様な植物油を利用し日本型食生活を洗練、進化させ、生命力向上に役立てている長寿国、それが日本であると言っても過言ではありません。

本書の執筆者たちは植物油の製造・販売の第一線で活動している方々であり、自らが日頃からなじんでいる植物油という商品を、現実的な目で見つめて解剖するという作業から出発して本書を分担執筆したものです。その意味で、本書は現実性をもった最適な入門書であると自負するものであります。本書に記された基礎知識の外縁には、さらに追究するべき事実や、食品としての植物油の楽しみ方が無限に広がっていますが、それは読者の皆様自らが探求されるべきものであると考えます。

このような趣旨をご理解の上、本書が皆様のお役にたつことを心より願っております。

2023年3月

一般社団法人日本植物油協会

専務理事　齊藤　昭

目　次

第1章

油の歴史

1 大昔のあぶら

(1) 古代の油脂の利用

油脂の食習慣は人類の始まりと同時とみてよいだろう。なぜなら、狩猟にせよ採取にせよ、食生活を営むことにより食料中に含まれる油脂を炭水化物、たん白質とともに摂取していたからである。とくに、動物を食する生活では、獣の体脂肪がいわゆる脂身の形で目に見えるあぶらとして摂取されていたと考えられる。

油脂そのものの使用については、旧石器時代のラスコーやラ・ムートの洞窟でランプが発見されていることから、食用より灯火として利用されていたことがうかがわれる。このほか、防寒用として体に塗布したり、皮膚組織の損傷を癒したりするために用いられていたようである。

(2) 植物油の利用のはじまり

搾油した植物油が利用されたのは、オリーブ油あるいはごま油がはじまりとみられている。

オリーブ油も塗布用に使われ、古代エジプト人は水浴後に油を身体に塗布した。王ファラオは就任に際して油を注がれる儀式があり、アステカの王は戴冠式前に寺院で油を塗布したとされている。クレオパトラの物語にはオリーブ油がよく登場する。

ごまはモーゼの時代以前にエジプト人が栽培していた。ごま油は中国で5000年の歴史があり、燃やして煤《すす》から墨を作ったと記されている。紀元前1世紀には、ヨルダン地区のナバディア王国で、ごま油が重要な特産品の一つであったといわれている。

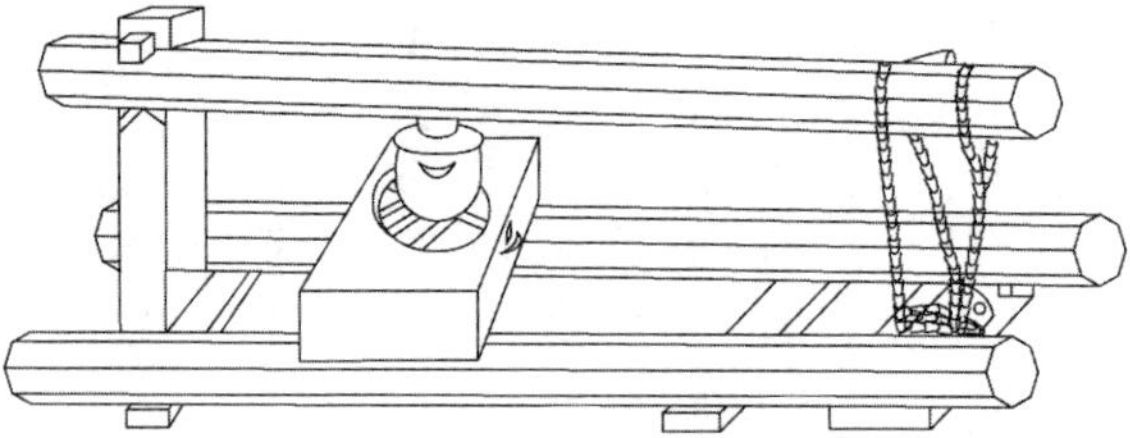

図表1－1
長木《ながき》搾りの図〔大山崎〕

しかし、植物油の搾油が本格的に行われたのは、紀元前600年頃ローマ人によってオリーブ油の生産が盛んになった頃とされている。これらのことから、史実に残る植物油の製油法の起源は紀元前6000年頃と推測される。

2　わが国黎明期のあぶら

(1)　古代のあぶらの利用

わが国でも有史以前に動物性の油脂を利用していたことが推測され、伝説の世界では神武天皇の時代に土器へ魚の油を入れ燃やしたといわれている。記録に残るところでは、3世紀の神功皇后の頃に大陸から搾油の道具が伝わり、4世紀には摂津の国ではしばみ（榛）という木の実から油をとって住吉神社に灯明用として納めたとされている。

奈良時代には油（主にごま油）は税として納めら

れた。この頃の正倉院文書には油が商品として市場に流通していたことが記されている。また、油を使ってかりんとうのような菓子が作られるようになったとされている。

平安時代になると、京都を中心に植物油を使った加工食品やごま油を使った炊き込み飯が現われ、油の食品としての地位が確立されてきた。この時代には、ごまの増産が奨励されて全国的に産出されるようになった。宮中の制度を定めた延喜式にあるように、ごま油は灯明用の年貢油として第1位の座を占めていた。

(2) あぶらの事業化

搾油が事業として出現したのも平安時代の頃で、京都府の大山崎にある離宮八幡で搾油が始まったのが商業的搾油の先駆とされている。荏胡麻《えごま》を原料にして図表1—1に示す「長木」といわれるテコを応用した搾油器を用いて油を搾り、灯明用に献上した。製油業者は神社の保護を得て神人と呼ばれる特権をもち、各地の寺社に油を献上するとともに、見返りに年貢や通行税を免除され勢力を拡大した。これが、後に油座といわれる油製造販売の独占権をもった組織に発展した。

鎌倉時代になると、食文化が京都から武家社会に広がり、油料理が普及する一方、灯明以外に唐傘、油紙、提灯など塗料としての用途が開発され、油はますます重要な商品になった。そのため、特権をもった座組織が各地に広がり、油は広く各地に交易されるところとなった。

3 中世から江戸時代のあぶら

(1) 大阪油商人の台頭

戦国時代の美濃城主・斎藤道三が油売りから身を

立てた有名な逸話の通り油売りは利権ばかりではなく、通行自由の特権の下で各地の情報を収集する力があったのだろう。

この頃になると搾油器も「しめぎ」と呼ばれる楔《くさび》の力を使った効率の良い製油法が開発された。原料もごまやえごまだけでなく、なたねや綿実が使われるようになり、これらが主役の座にのし上がった。

18世紀の初めには摂津平野で28軒の綿実油屋が軒を連ねるようになり、かつて隆盛をきわめた大山崎などの油座の特権が廃り、油の販売権は大阪の油商人の手に移った。当時、大阪堺港での荷降ろし商品は、米に次いでなたねが第2位を占め、積み出し商品では油が筆頭の座にあったと記されている。さらに、灘地方では水車を使った搾油業が出現し搾油の効率が向上した。

(2) 食用油の品質向上

やがて、幕府の統制令のもとに大阪回船問屋の株仲間が独占的に原料、油を支配する時代になるが、この時期には灘も復権し、大阪を中心に近畿地方の油販体制が確立する。しかし、幕府の統率力の低下や江戸商人の台頭、さらに各藩への搾油の広がりなどによって幕府が地方での搾油を認めることとなり株仲間は崩壊した。

江戸時代は、搾油器の進歩とともに灰直し法という精製法が開発され、色が黒く下等だった綿実油から品質の良い食用油が作られるようになり、用途とともに原料の多様化が進んだ。

4 文明開化期のあぶら

明治維新の文明開化は食生活にも大きな改革をもたらし、肉食が広まるにつれてカツレツ、コロッケ、オムレツなど油を使う西洋料理が普及した。また、照明（灯明）用として大きな位置を占めていた植物油は、石油ランプの登場によって後退を余儀なくされ、さらに電灯の出現によってランプもその座を失った。反面、工業化の進展にともなって植物油の新しい需要が生まれ、機械油、焼き入れ油、潤滑油等に用途が開発され、油脂の需要は拡大した。さらに、マーガリンが導入され、いわゆる加工油脂の分野が開かれて油脂は多様化に進んだ。

油脂の生産は、江戸時代までは幕府の統制下になたねと綿実が推奨されていたが、明治になると雑穀類からの採油が解禁になり原料も多様化した。いわゆる油問屋といわれる力のある油業者は、各地の原料産地に点在する小規模な搾油業者になたね油等を委託生産し、これらを集荷して品種分けあるいは精製して商品を作り、容器に入れて各地に販売していた。1875（明治8）年には、なたね油が輸出品の一つになっている。その頃の油の精製は依然として灰直し法といわれる方法で、油に石灰を加えて攪拌《かくはん》した後、透明になるまで加熱し、上澄みをとってろ過する。それを再度加熱して色のうすい油としたものが「白絞油《しらしめゆ》」であり、その名は今日も精製油の代名詞として引き継がれている。

5 西欧諸国の動き

西欧諸国の動きをみると、1850年頃のイタリアの搾油工場では伝統的なテコを利用した搾油道具が使われていたが、その他の諸国では産業革命によってもたらされた機械化と近代科学がすでに油脂分野に応用され始めていた。18世紀末にいわゆる水圧機械の利用が行われており、1819年にはマルセイユで本格的な水圧式搾油機が製作された。1830年にはアメリカのジョージア州で大型搾油工場が完成している。圧搾法はやがてFleishwolfesによって完成された連続式の圧搾機に移行し、とくに、アンダーソンのエキスペラーがクリーブランドから広がっていった。水圧式圧搾機から数十年をへて溶剤を使った抽出法が開発され、1856年にフランス人が特許を取得し、近代製油技術の幕開けとなった。抽出法も1930年代にアメリカで連続抽出機が開発され、効率的で大量生産方式の現代製油技術の基盤が整った。

6 わが国の近代化

(1) 油脂工業の発展

わが国では明治の末にベンジンを使った大豆の抽出法が導入されるとともに、油問屋等が製油工場の建設に取り組み、工業規模の油脂生産に移行した。この頃には、油脂の製造業は石鹸製造業と並んで当時の近代化学工業の一翼を担うほどに成長した。

大正に入ると各地に工場が建設され、1918(大正7)年には大豆圧搾工場15と抽出工場23を数えるほどになり、日産500tの大規模工場も現われ、なたねの産地で伝統的な製法を続けてきた生産者に脅威を与える状況となった。その結果、大正末期には大豆油がなたね油と肩を並べることになり、昭和に入ると逆転して大豆が首位の座についた。その後、アルカリ精製法や脱臭法が導入されて大豆油の品質は格段に向上することとなり、大正末期にはサラダ油が発売され、現在の高品質な食用油に引き継がれる素地が整った。わが国の製油業は、さらに大豆の原料産地である満州に展開し、当時最高の技術を誇った満鉄技術陣の研究が加わり、油脂工業は大きく前進した。

戦前におけるわが国の油脂工業の水準は世界的にもきわめて高い位置にあり、西欧諸国に負けない研究、技術、設備、品質を誇ったが、第二次世界大戦によって大きな損失を受け、戦後の新しい展開に移行することとなった。

(2) 食用分野での油脂の需要増

戦後の復興は、大戦中の遅れを取りもどすことと併せて食生活の改善が加わって、油脂工業は加速度的に増産へ向かった。とくに、アメリカ大豆を中心とする海外調達原料へのシフトと需要の伸びに対応する大量生産装置型工業として効率化が進み、1950年代には臨海製油工場への集約などによって、世界に追いつく規模が整った。

一方、工業用途においては膨大な生産量をもつ石油の利用が進んで石油工業が驚異的に発展し、工業製品の分野で植物油脂が駆逐されることとなった。しかし、食生活における油脂の重要性がますます高まる背景を受けて、食用分野での需要は大幅に増大し、また、特別な機能をもつ油脂の工業的用途も確保された。今日に向けて、経営の合理化、技術の育成、生産の効率化等の努力が払われた結果、情報と個性の時代といわれる現在において、品質と生産性を世界に誇る油脂工業は、産業界の重要な位置を占めて21世紀を走り続けている。

〔参考資料〕

・『世界大百科事典』平凡社
・『日本百科全書』小学館
・"The New Encyclopedia Britannica"
・平野成子『油ひとすじ』吉原製油㈱
・味の素㈱『植物油セミナー』
・攝津製油㈱『攝津製油百年史』
・日清製油㈱『日清製油80年史』
・上野誠一『油脂工業』(1948年)
・宮川高明『食用油製造の実際』(1988年)

第2章

油糧種子と植物油脂の需給

1　油糧種子と植物油の国際需給

(1) 食用油の需給

国連食糧農業機関（FAO）、世界保健機関（WHO）等が共同で作成した2022年の「世界の食料安全保障と栄養の現状」は、15年以降、飢餓の影響を受ける人の割合が比較的横ばいに推移していたが、21年には、COVID-19のパンデミック発生前より増加急増し、世界人口の約3割に当たる23億人程度が中度または重度の食料不安に陥り、9億人以上が深刻なレベルの食料不安に直面している実情を公表した。

近年、世界的にサステナブルやSDGsを求める声が大きくなり、産地のサステナブル基準や生産管理の条件が厳しくなったことは歓迎される一方で、産地では新たな農地開拓など、追加の作付け地の確保が非常に難しくなっている。

地球全体の気温上昇と乾燥地域の拡大、世界の食糧庫を襲う異常気象の影響も大きくなってきている。油脂原料ばかりでなく、穀物全体の価格が上昇するなかで、世界的に油糧原料の供給面での大きな増加は期待できない。

一方、需要面では、食用としての油脂原料の需要が一貫して増加している状況下、CO_2削減を進めるため、石油代替のバイオディーゼル用の油脂需要がさらに増加し、食用の供給がタイト化している。原油価格上昇も、こうした動きを後押ししている。

こうした変化は、将来も含めた食糧供給を考える上で、きわめて重要なポイントとなる。そして、これらの変化の多くは構造的な変化ともいえるもので、不可逆的な事象であることを、輸入者・食品製造者や消費者が広く認識共有し、改めて「食糧の安全保障」につき、国や産業界全体で対策を検討することが求められる時期に来ている。

(2) 品目別生産量

現在までのところ、生産は世界の植物油の需要増に対応し、基本的には上昇トレンドが継続した。直近の植物油の世界総生産量を米国農務省の公表値でみると、２０２１／22年の段階で、２億ｔを上回る２億１１４４万ｔと見通されている。品目別には、大豆油は５９３７万ｔ、パーム油はインドネシアの増産を受けて７５５９万ｔ、菜種油は２８２８万ｔと、この３油種で植物油全体の８割近くが供給されており、こうした油種を中心として世界の植物油市場は動いている。ちなみに、04／05年にはそれまで最大だった大豆とパーム油のポジションが変わり、現在ではパーム油が世界でもっとも多く生産される植物油となっている（図表２―１）。これは、大豆が一年一作で毎年の天候条件に生産が左右されるのに対し、パームは永年性作物かつ周年収穫が可能であり、植物自体が有する生産サイクルによる変動はあるものの、他の植物油よりはるかに高い生産性と安定的を有することなどを反映したものであり、今では、大豆油を凌駕する存在となっている。

(3) 世界の植物油の生産動向

植物油の国別生産量については、パーム油のインドネシア、大豆油を中心にした中国と続き、以下、マレーシア、ＥＵ、米国、ブラジル、アルゼンチンの順となっている。輸出量は８７００万ｔ。総消費については、コロナ禍による経済的・社会的影響にも関わらず、需要全体として堅調であり世界全体で２億ｔを超える２億９０８万ｔと見通されている。

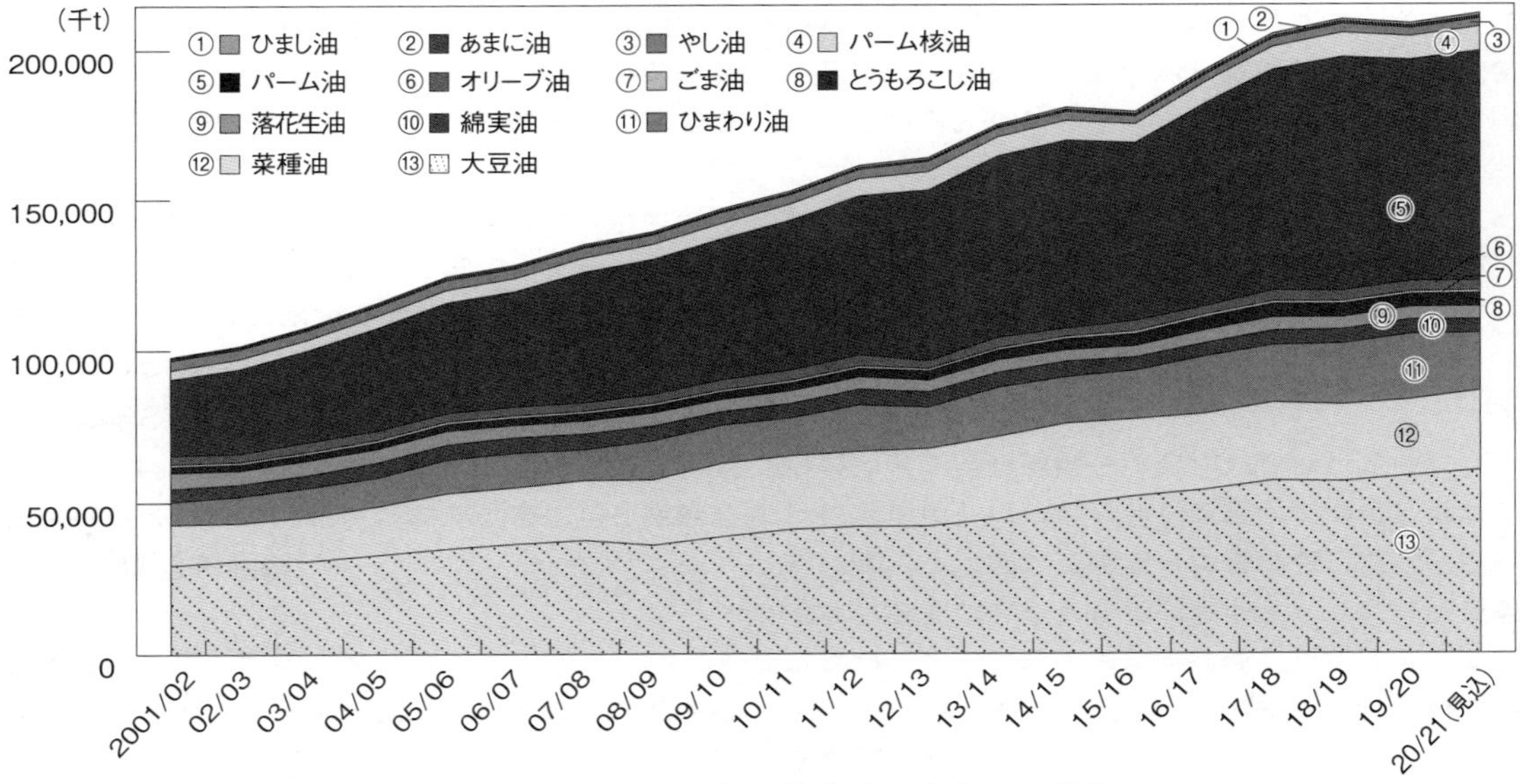
（千t）
200,000
150,000
100,000
50,000
0
①ひまし油
②あまに油
③やし油
④パーム核油
⑤パーム油
⑥オリーブ油
⑦ごま油
⑧とうもろこし油
⑨落花生油
⑩綿実油
⑪ひまわり油
⑫菜種油
⑬大豆油
2001/02
02/03
03/04
04/05
05/06
06/07
07/08
08/09
09/10
10/11
11/12
12/13
13/14
14/15
15/16
16/17
17/18
18/19
19/20
20/21（見込）

図表２－１　世界の主な植物油の生産量の推移

以上の結果、21／22年の世界の植物油期末在庫については、世界的に旺盛な油脂需要が生産を上回り、在庫水準は、２４１７万ｔ（前年度２５８７万ｔ）と低水準が継続、植物油全体として歴史的にタイトな需給が継続している。

(4) 石油代替のバイオ燃料用等の油脂需要の増加

国連のＳＤＧｓ採択以来、世界的なカーボンニュートラルの動きが加速、CO_2対策のため、欧米を中心に大豆油、菜種等を原料としたバイオディーゼル需要が増え続けている。石油に比べ植物油の市場規模は遥かに小さく、各国政府の政策が過熱し、植物油がバイオディーゼル用に使われると、大きな需要が発生して急激に需給がタイトになる。米国では環境保護局によるバイオ燃料の提言に基づき、今後とも大豆搾油による大豆油のバイオディーゼル用の需要が誘導されると予想される。このため、大豆油の不足分に対し菜種油などの輸入が増加する可能性もある（図表２―２）。

こうした状況下、欧州はパーム油のバイオディーゼル利用に制限を課し、利用を減らしつつあるが、欧州のバイオディーゼル需要そのものが減るわけではないため、パーム油に代わって大豆油・菜種油・ひまわり油に需要がシフトしている。ＥＵ政府は１９９０年代の米国とのブレアー・ハウス・アグリーメントを基に、非食料用途に菜種油の利用を開発せざるを得なくなり、ディーゼル・エンジンの改良に補助を行った。その結果、22年現在では自家用車も大半がディーゼル車となっており、今後ともバイオディーゼルを使う余地が大きく残っている。

ＳＤＧｓの採択を受け、世界全体を見てもバイオ燃料用の植物油需要は増え続けている。原油価格の高止まりもあり需要が減る見込みはない。また、原

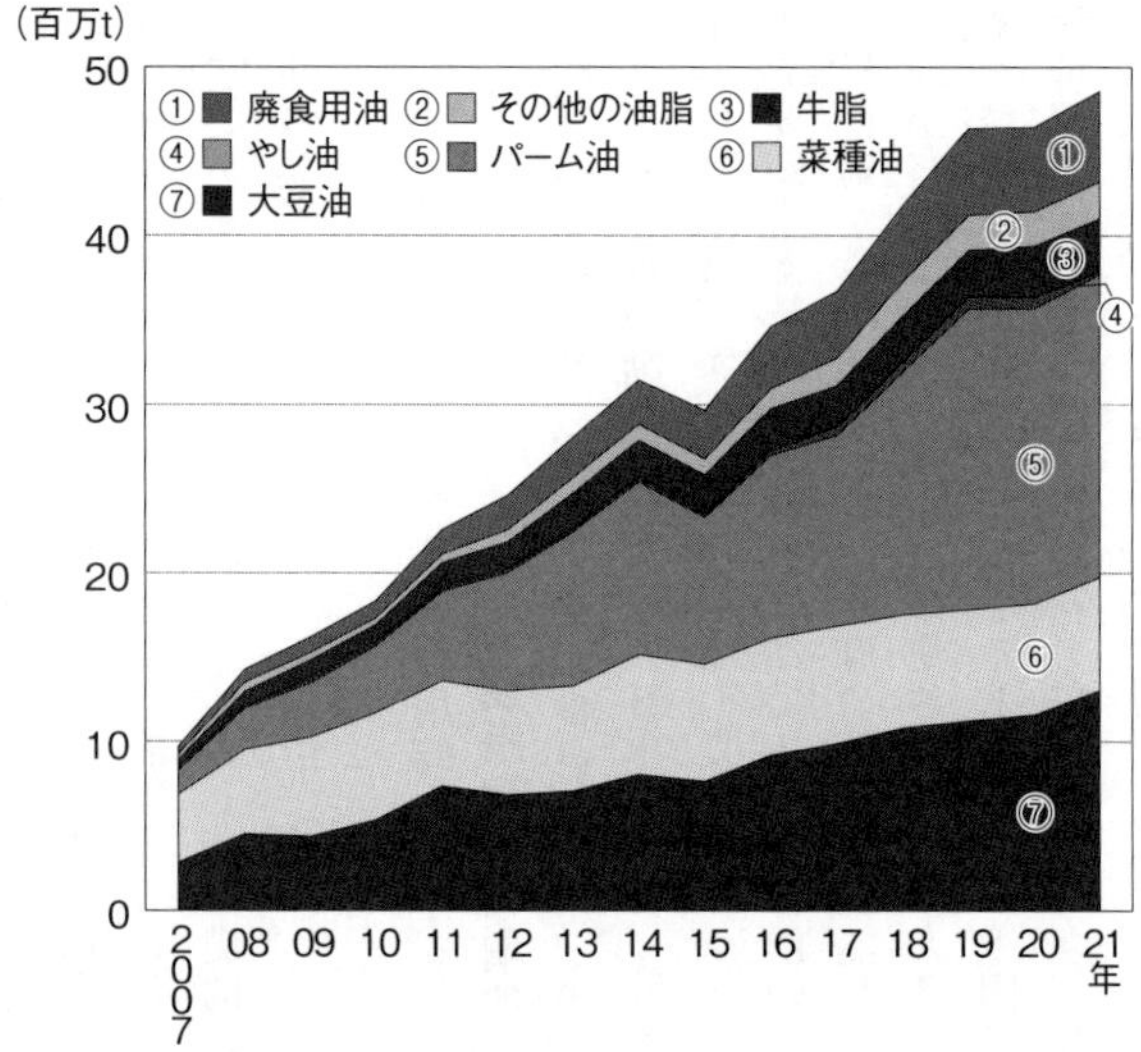

図表2－2　原料油種別に見たバイオ燃料生産量の推移

油価格の高値によってエタノール用のコーン需要が増加することで、大豆の作付面積が減ることも懸念されている。

(5) 食品価格指数の変動

世界の食料品価格は上昇のテンポを加速させ、国連食糧農業機関（ＦＡＯ）が22年度末発表した食品価格指数※注は１４０・7ポイントを記録、前年比24・１ポイント上昇し、史上最高値を更新した（図表２―３）。

食品価格指数の変動にもっとも貢献することになった植物油価格の継続的上昇について、ＦＡＯは、主にパーム、大豆、ひまわり価格の上昇に起因したものとのコメントを行っている。世界有数のパーム油輸出国であるインドネシアからの輸出戦略の変化などの一方で、世界的に輸入需要は持続的に増加、国際的なパーム油価格は連続で上昇。大豆の

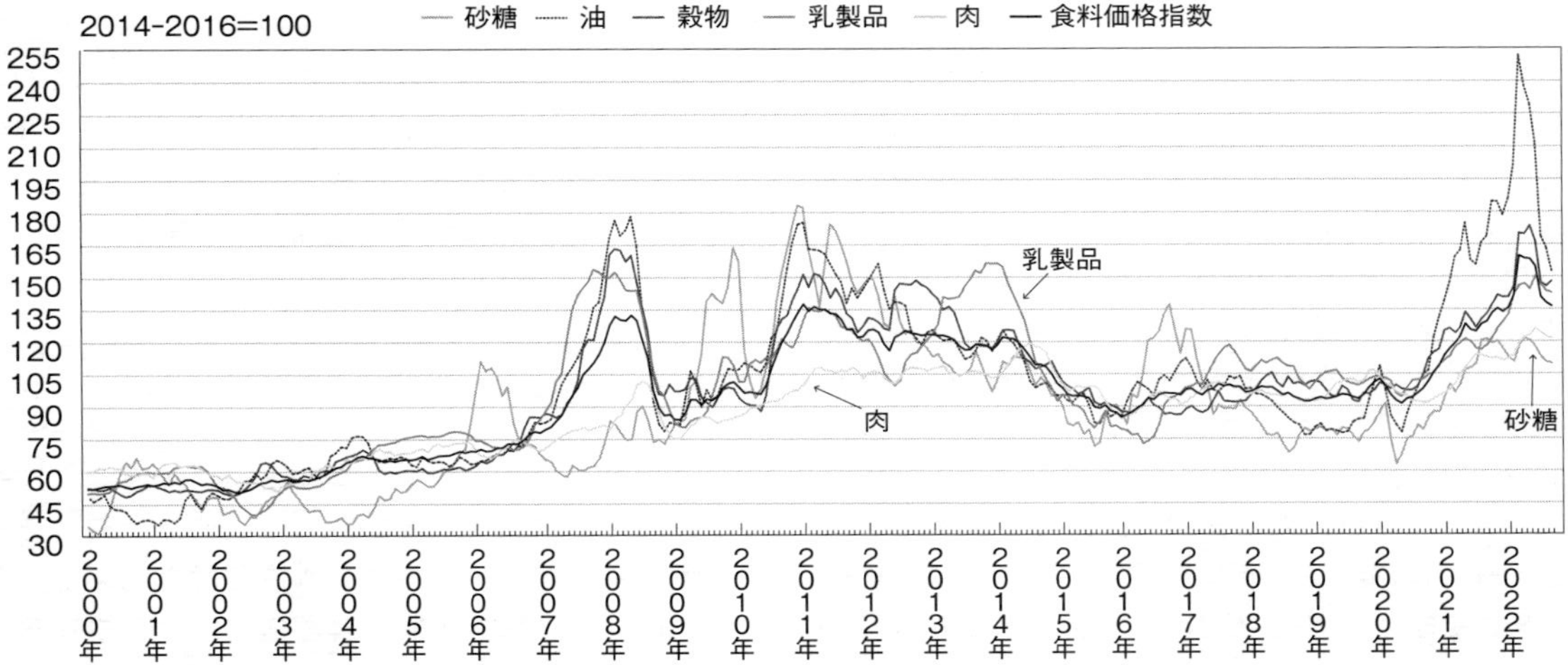

注　：国連食糧農業機関（FAO）は植物油など主要5品目で構成される世界食品価格指数（FFPI）。

図表2－3　FAO食料価格指数推移

値も、南米の大豆生産の見通しの悪化にともない上昇。ひまわり価格もロシアのウクライナ侵攻にともなう黒海地域の混乱に対する懸念で上昇。加えて、原油価格の急騰は植物油上昇の背景となった。

その後、植物油価格は反転してひとまず落ち着きを取り戻したが、バイオ需要など構造的な要因を背景に、今後とも下方硬直かつ高位水準で推移することが想定される。

※注　国連食糧農業機関（ＦＡＯ）による植物油など主要5品目で構成される世界食品価格指数（ＦＦＰＩ）。

(6) 油糧種子と植物油の消費

大豆等油糧種子の消費は、主に植物油と畜産物の需要によって規定されている。このうち、植物油については、先進国においては消費に一定の天井感があるものの、健康志向によってさらに拡大する余地が十分ある。また、発展途上国においては、所得と食生活の向上にともなって消費が増加する優等財でもある。一方、畜産物の消費については、各国の消費が増加基調にある。こうした状況下、概していえば、油糧種子と植物油の国際市場は、畜産物需要の増加には大豆が、植物油需要の増加にはパーム油が対応するという構図が基調となってきた。

直近の21／22年の油糧種子世界総生産量は６億１６２万ｔとなっているが、このうち、大豆の生産量は３億５３８０万ｔ程度が見込まれている。国別には、主要生産国である米国は１億３０５９万ｔ、ブラジルは１億３２２８万ｔと見通されている。消費量は世界的に堅調な搾油需要等を反映し５億１４０１万ｔと見込まれる。国別には、中国が１億２９２６万ｔ、以下、米国、アルゼンチン、ブラジル、ＥＵの順。総輸出量は１億８１３２万ｔ。結果として世界油糧種子の期末在庫は、１億４３４万ｔとなり全体としてタイトな需給が継続した。

2　油種別国際動向

(1)　油糧種子と植物油の貿易

植物油の国際貿易量は年々増加を続け01／02年以降の10年間に約2・5倍に拡大、19／20年には過去最高の９２１５万ｔとなるなど、植物油生産量の4割を超える典型的な貿易財となっている。

油種別には、熱帯油脂と総称されるパーム油、パーム核油およびやし油の3油種が世界の貿易量の6割以上を占め、生産量でパーム油に次ぐ大豆油の貿易量は1割程度に止まっている。大豆油等油糧種子を原料とする植物油の場合、貿易は主として原料である種子の形態で行われ、消費国で油が製造されることが一般的であるのに対し、果肉から生産されるパーム油等は油の形態でしか国際流通できないという特徴がこのような結果をもたらしている。

油種ごとの生産量に対する輸出量の比率（19／20年）をみると、パーム油は69％と輸出志向型の油脂となっている。これに対し、大豆油等油糧種子から採取される油種については大豆油でも輸出比率は22％と低く、一般的には主に種の形で輸出され消費国で搾油、生産されることを示している。

(2)　大　豆

大豆は、かつて生産国が米国中心であったが、南半球産（ブラジル・アルゼンチン）に生産のウイングが広がり、代替範囲は拡大した。しかし、南米の輸出余力は従来の欧州からの買付に加えて、中国が吸収する割合が急激に高まり、余力は大きく減少した。輸出余力が増えないことから、南米の輸出価格も米国の高値に追随、２０２２年現在の世界全体の大豆価格は下方硬直的な状況となっている。

中国はコロナ禍の影響から経済が立ち直り、大豆需要は中長期の増加トレンドに戻りつつある。今後については、中国の戦略的輸入政策の動向にもよるが、中国は豚熱（CSF）からの回復もあり、大豆粕需要も中長期の増加トレンドが予想される。東南アジアも、経済発展とともに肉の需要が増加している。

飼料用の大豆粕と飼料穀物の需要が増え、今後も活発な飼料穀物需要が続く見通しのなかで、他作物との相対価格関係もあり、大豆の作付けが増える余地は不透明である。

(3) 菜　種

わが国でもっとも利用されているなたね油は、カナダが主要な産地である。カナダは、世界需要の増加に合わせるために長期計画（2025 keep it coming）を策定、これに沿って生産拡大してきた。しかし、近年は停滞気味で、計画達成は危ぶまれ、すでに需給バランスが崩れる懸念が出ている。

こうした状況下、20／21年のカナダ菜種の需要は、輸出も国内搾油も堅調であったため、22年の収穫前の繰り越し在庫はほとんどなくなるなど、これまでにない異常事態となった。当初、21／22年の生産量の増加が大きく期待されたが、夏場の異常な高温乾燥気候もあって歴史的大減産となり、減産量は平年の輸出量の7～8割に相当する数量となった。

菜種は、大豆などと異なり世界の菜種原産国の輸出供給力は不足状態にある。生産の不安定な豪州以外頼れる菜種輸出国がなく、日本の菜種輸入は、8～9割程度を長期にわたってカナダに依存する体制が継続している。

また、わが国にとって数少ない代替可能国である豪州の生産は小規模であり、気候変動が大きく毎年の生産が安定していない。豪州産菜種は、NON-GMO菜種を求める欧州や近隣の中東諸国、パキスタン、バングラデシュ等との買付の競合がカナダ産より激しく、一方、ウクライナ、旧東欧諸国産の菜種については、地理的有利に逆らえず欧州に吸収される実情にある。

欧州菜種は天候不順による生産の減少が過去数年続いている状況下、欧州の菜種油需要はバイオ・エネルギー用需要もあり、増加傾向にある。

米国はバイオ利用等にともなう大豆油の需要増加の不足分を、カナダ菜種に期待するところが大きい。とくに、バイオ・エネルギー向けの需要増加、原油価格の高騰が需要増加に拍車をかけている。この動きを基に、カナダの搾油能力は、バイオ向けを中心に今後3、4年の間に1.5倍になることが予想されるが、すでに新規搾油工場や増設の計画が動き始めている。この搾油増加は、計算上は平均的なカナダ菜種の輸出量の半分程度が減少する数量に相当する。こうした事情を反映し、過去、大豆価格と比較的連動した動きをしてきた菜種価格は、菜種オリジナルの動きが顕著となった。

カナダ政府により新たなバイオ・エネルギー政策が策定され、さらに、22年末には米国環境庁（ＥＰＡ）により菜種（キャノーラ）が「高度バイオ燃料」として認定されるなど、今後の展開は予断を許さない。

(4) パーム

① 産　地

パームはアフリカ原産の熱帯性の常緑樹で、一度植栽するとおおむね40年程度は高い生産力を保持する。また、年間を通じて絶えず果実の収穫が可能であるため、大豆、菜種といった一年一作の油糧種子とは異なり、生産面積当たりの油の生産性が高い。油糧種子の中で油分が相対的に高い菜種でも、1haの収穫面積から生産される菜種油は0.8ｔ弱だが、パーム油は収穫面積1ha当たりの生産量が3.7ｔに達する。ただし、経済的生産樹齢を超えると生産力が低下するのでパーム樹の改植が必要となるが、パーム油の価格高が続くと生産者は収入確保を狙って改植を控える傾向が顕著となる。パームの生産は温暖多雨の気候条件が必要で、南北の緯度10度の範囲が栽培適地とされている。パーム油の生産は06／07年にインドネシアがマレーシアを追い越し、世界最大の生産国となった。現在、インドネシア、マレーシアの2カ国で世界の生産量の8割を占めているが、気候条件に適するタイ等の東南アジア、アメリカ南部、中米諸国でも栽培する動きが広がっている。

② サステナブル環境対応

直近のパーム油生産は、新型コロナ禍もあり、マレーシアは海外労働者の受け入れ制限を実施したことからプランテーションの労働者（海外からの出稼ぎ）が不足、生産量が減少し、価格は高位水準で推移した。

中長期でみても、ＳＤＧｓやサステナブル推進のため、マレーシアとインドネシアはパーム農園開発のための森林伐採を禁止しており、生産地域の増加は期待できない。数年前の幼木が成長する分にて、生産量増加の期待ができるが、以前のような増加は望めない。

パーム油は、価格競争力がある植物油であることから、バイオディーゼル原料として需要が高いが、欧州はパーム油をバイオディーゼル原料に使用することを２０３０年までにゼロにするルールを決定。このため、欧州向けの輸出量が大きく減じることを回避するためインドネシアやマレーシア政府は、CO_2削減の目的もあり、輸出減少分を補うために政策的にバイオディーゼル原料への使用比率を高め、欧州向けの減少分は国内需要にて吸収している。

欧州や米国では、パーム油の生産はサステナブル理念に反しているとの批判が出ており、パーム油の輸入を抑制、その分は大豆油・菜種油に需要増加に影響を与える一方でパーム油は、経済発展が著しい東南アジア諸国、中国、インド、一部のアフリカ諸国の需要によって吸収されている。

なお、パーム油については、サステナブル環境対応のための認証制度が世界的な課題となっているが、近年、既存の民間認証であるＲＳＰＯに加えマレーシア政府のＭＳＰＯなど社会的に有効な公共的システム体制が整ってきている。これらの認証がわが国で実質的に活用されるか否かは、今後、認証自体が国際的なレベルで評価・認知され、かつ無用なプレミアムのない低コストで運用されるかどうかにかかっており、各国政府等による積極的かつ実効性のある指導力が発揮されることが期待される。

３　日本における植物油の需給

(1) 植物油の供給

日本の製油業は、１９７０年以前にはさまざまな油糧種子等の原料を搾油していた。サフラワー、ひまわり、パーム核、コプラ（やし油の原料）など多様な原料を搾油していたが、数量の少ない原料は効率性の観点から徐々に減少、粗油の輸入に転換するなど集約化が進展、今日にいたる。

原料の搾油数量で大豆の搾油量は80年代末から２０００年まで３５０万ｔ前後で安定して推移し02年をピークに達したが、その後、減少傾向に転じた。11年には搾油数量で菜種を下回った。しかし、その後の収益性の変化等にともない14年より回復増加に転じ、近年では菜種と同水準の搾油量で推移している（図表２―４）。

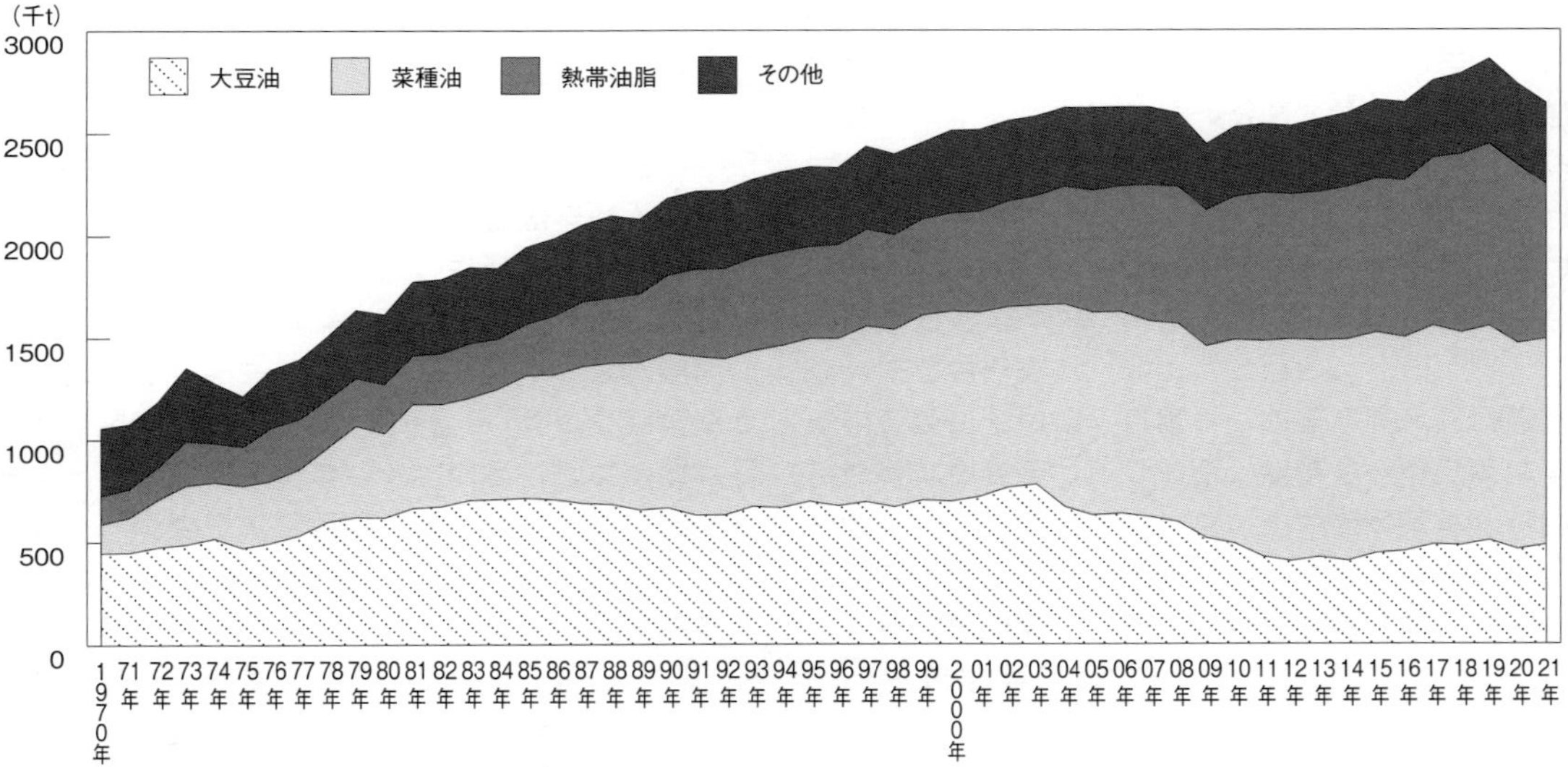

資料：農林水産省「油糧生産実績調査」、財務省「貿易統計」

図表２－４　日本の主な植物油の供給量の推移

パーム油は、大豆油やなたね油に比較し価格が割安であること、飽和脂肪酸をベースとする脂肪酸組成から酸化安定性が高く分別により多様な用途の油脂を製造できること、トランス脂肪酸対策として主に大豆硬化油の代替機能を果たすことなどから、国内の油脂加工産業において使用量が増加、多様な加工食品に使われている。

唯一の国産原料であるこめ油は、需要が強いにもかかわらず、米生産の減退に比例して米ぬかの発生量が減少してきたことから搾油量が減少していたが、10年代に持ち直し、近年では健康志向から、国産の不足を輸入が補う形で需要は増加している。

(2) 国内搾油の推移

① 歴史的変遷

わが国の植物油の原料は、こめ油を除き大部分が世界中の国々から輸入されている。わが国の製油業は、主として大豆油となたね油を基軸として変遷を遂げてきたが、大豆油の製造が原料である大豆を輸入に依存して発展したのに対し、歴史的には、なたね油は国産菜種に立脚して発展してきた。しかし、国内のなたね生産は昭和30年代末にほぼ皆無となり、それ以降は双方とも輸入原料に依存することとなった。大豆は主な油糧種子のなかでは油分が低く（19％程度）、油分を取り去ることにより高たん白になることから、油脂の需要より飼料業界におけるミール需要が搾油量を決定する要因となる傾向が強く、とくに、海外においてはその傾向が強い。これに対し、なたねは油分が高い（44％程度）ことから、油脂の需給を考慮して搾油量が決定されることとなる。この二つの油種が、相互の収益性に配慮して相互補完の形で搾油されるのがわが国の製油業の特色となった。なお、パーム油は、その特性から粗油として輸入されている。

現在、わが国の植物油の供給量は、菜種油がトップで、以下、パーム、大豆となっている（図表２―５）。このうち、同じ油糧種子として比較されることの多い菜種と大豆の価格は、従来、ドル換算ベースでほぼ均衡して変動していたが、21年以降、市場価格急騰の過程で乖離《かいり》が広がった（図表２―６）。

② 近年の情勢

近年、植物油を巡る内外の情勢は大きく変化している。22年現在、すでに環太平洋パートナーシップに関する包括的および先進的な協定（ＣＰＴＰＰ）やＥＵとの経済連携協定（ＥＰＡ）、日米物品貿易協定（ＴＡＧ）が発効、植物油についても段階的に関税撤廃が進んでいるが、これに加え、21年に東アジア地域包括的経済連携（ＲＣＥＰ）が国会承認され、世界経済の３割を占める巨大な貿易圏が誕生した。

一方、国内では、食品表示法のコアとなる食品表

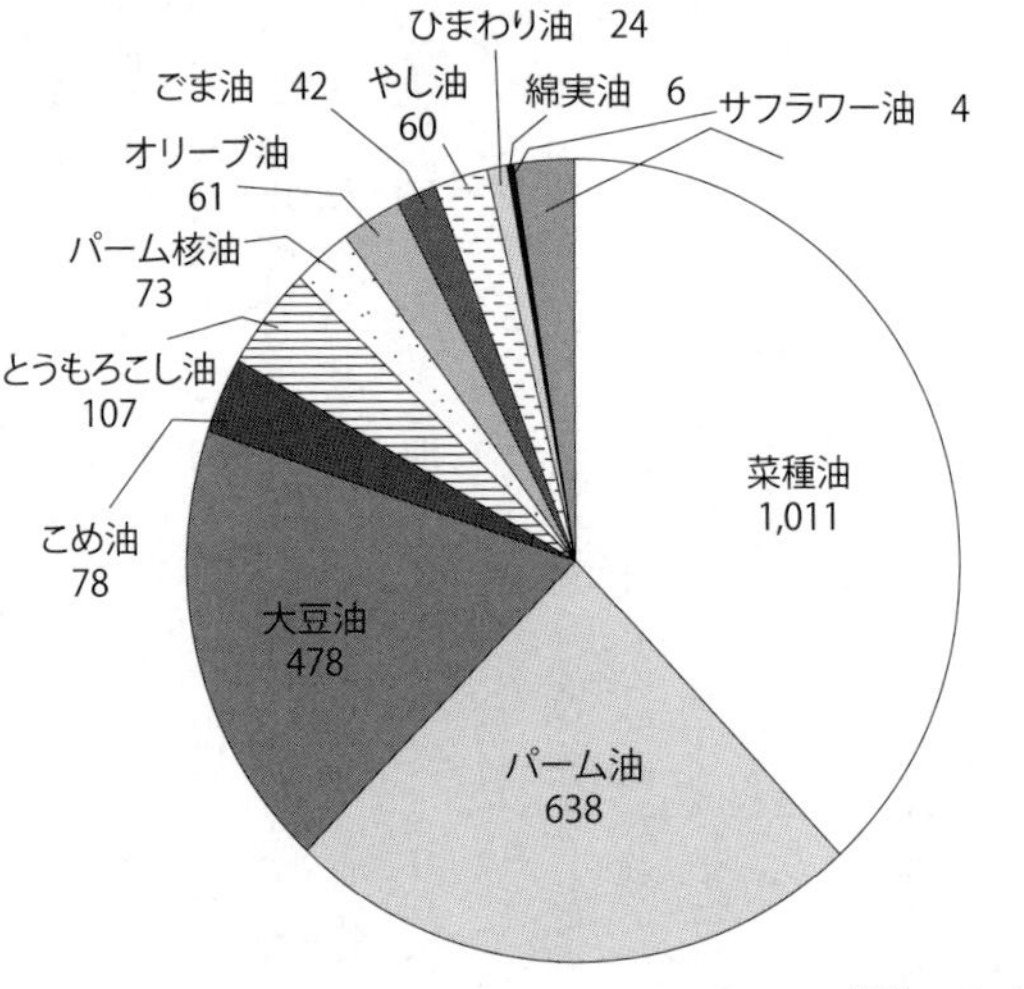

（単位：千ｔ）

図表２－５　日本の油種別植物油供給量（2021 年）

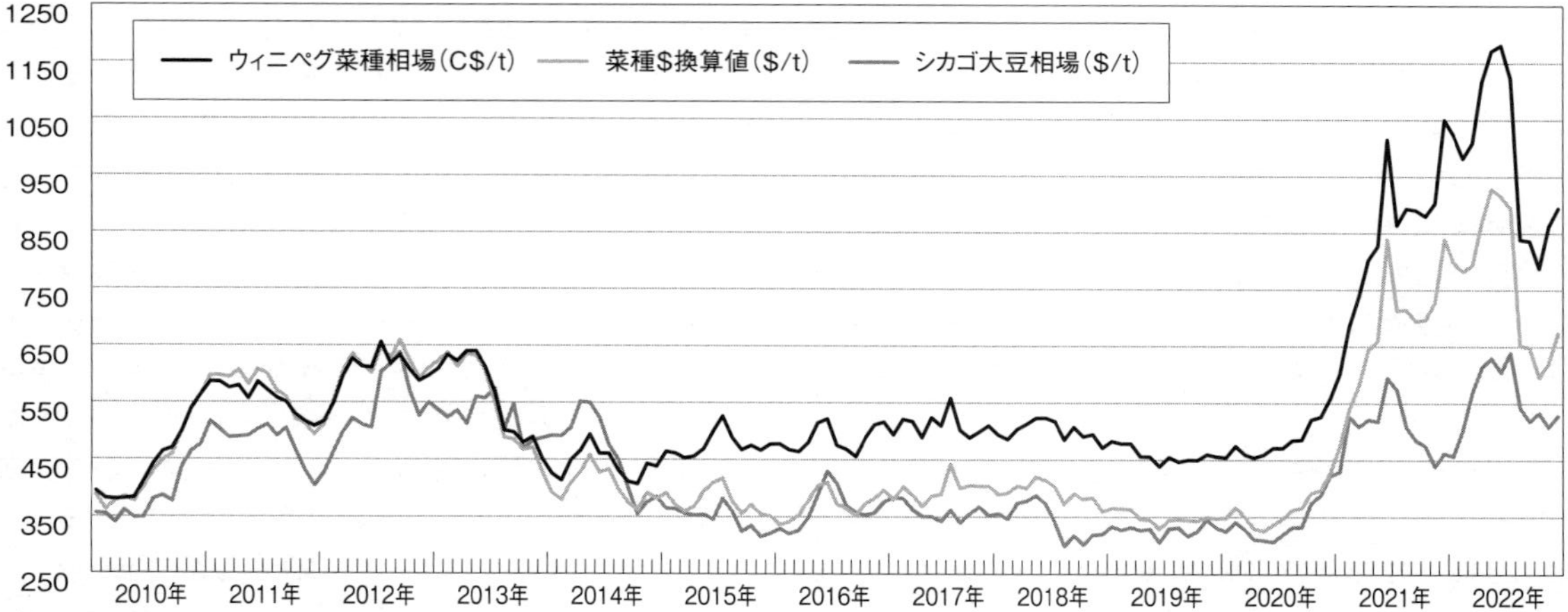

資料：油脂特報　毎月央版（各限月値の最上位）
注　：ICE˝菜種相場：加ドル／ｔ、ICE˝菜種相場：ドル／ｔ（加＄相場を＄換算した数値　米＄／加＄レートで除算）、
シカゴ大豆相場：ドル／ｔ（シカゴ相場 Bu 値からの換算値）。

図表２－６　大豆、菜種の市場価格の推移

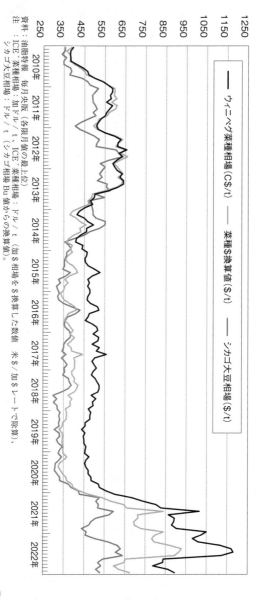

示基準が完全実施されるとともに、食品衛生法のHACCP等の施行への対応実施など食に関する多面的な法的整備が進められてきた。

(3) 植物油の消費

食用用途としての植物油は、①食品加工業で利用される「加工用」、②主に飲食店等で利用される「業務用」および③家庭で使用される「家庭用」に大別できるが、それぞれの境目は明確ではなく、①はバルクで出荷、②は斗缶をメインとする容器で出荷、③は小型のボトルで出荷されるものとして把握している。ただ、バルクには、大型専用運搬車で輸送されるものと、小型のミニタンク用に出荷されるものがあり、後者は飲食店や小売店のバックヤードで使用されるが、いずれもバルクとして加工用に区分されているので、あくまで一定の目安として理解するべきである。

国内植物油（精製油）の出荷をJAS格付実績で見ると、新型コロナウイルス感染拡大を受けた20年は、第一次緊急事態宣言が出され、外食産業の休業等にともない植物油は業務用・加工用とも大幅減少、家庭用は巣ごもり消費増による影響で増加、国内植物油（精製油）の出荷を反映するJAS格付実績は年間で全体として前年比マイナスの厳しい年となった。

21年もコロナ禍が続き、東京などで1～3月に第二次、4～6月に第三次、7～9月に第四次緊急事態宣言が発令され、まん延防止等重点措置も22年1～3月に適用となる等、前年に引き続き外食産業の営業制限等、厳しい環境下で推移した。

国内植物油の全体出荷について、21年は、前年比1・0％増の126万1042t（20年は同5・5％減の124万8752t）。新型コロナウイルスの影響がない19年は132万1043tであり、19年比は4・5％減であり、影響前水準に戻らなかった。

21年度は、全体124万1109t（前年度比0・6％減）、業務用34万9359t（同4・3％増）、家庭用加工用61万6873t（同1・7％増）、家庭用27万4877t（同10・5％減）。一方、21年の食用加工油脂は64万5241t（前年比0・4％減）。うち家庭用マーガリン3万4416t（同12・0％減）、業務用16万8831t（同2・0％減）。コロナの影響がない19年は、食用加工油脂68万1638t、19年比5・3％減。家庭用3万8820t、同11・3％減。業務用18万2819t、同7・7％減。いずれも影響前から減少している。

その他、マヨネーズ・ドレッシングの21年生産量は、マヨネーズ21万8155t（同0・4％増）、ドレッシングタイプ調味料1万6238t（同3・9％減）、全体では40万3999t（前年同期比1・1％増）。

コロナの影響がない19年同期は、全体生産量33万9327t、19年比1・4％減、マヨネーズ22万5239t、同3・1％減、ドレッシングタイプ調味料1万8755t、同13・4％減となっている。

(4) 日本の製油工場

製油工程は、原料から粗油を圧搾・抽出する搾油工程と、粗油を精製する精製工程に分けられる。米国など原料生産国においては、原料生産地または集積地に搾油工場が設置され、効率的に粗油生産を行い、消費地近くに精製工場が設置されるのが一般的な形態となっている。これに対し、日本など原料供給を輸入に依存する国においては、原料集積地と製品の消費地が隣接することから、二つの工場が併設されることが一般的である。この場合には、搾油と精製のバランスある生産が重要となるとともに、港湾施設が搾油工場の規模を規定することとなった。

21年度製油産業実態調査の概要によれば、全体集計値は以下の通り。

① 資本金、従業員および給与

・資本金計は469億5200万円で前年比103・3％増

・従業員数は2・0％増加

② 主要機械装置および能力

・抽出設備は前年度と同基数

・抽出工程日産能力は前年度0・7％（150t／日）増

・圧搾設備は前年度と同基数、日産能力は前年度から0・8％増加

・稼働日数274日と前年度比10日増。前年はコロナ禍の影響で12日減

精製設備は、基数が前年度から脱酸0、脱色0、脱臭マイナス1、脱ロウ0の変動となった。日産能力は、更新および工程改善による増加となり、その結果、脱酸・脱色は前年度対比0・2％の微増、脱ロウは前年同となった。

③ 原料処理量、原油生産量および油粕生産量

原料処理量（2021年）は、大豆241万4千t（対前年比103・8％）、菜種233万3千t（同103・5％）と増加となったが、前年のコロナ禍の影響による減少5～6％は回復できなかった。一方、健康への関心が高まりでごま、米糠は近年の増加基調が継続、あまには2年ぶり増加。これらの結果、油糧原料全体の処理量は、同103・6％の516万3千tとなった。

原油生産量は、原料処理量と同様、大豆油47万4千t（対前年比104・8％）、菜種油98万9千t（同101・8％）と増加だが前年の減少分は取り返せなかった。菜種は、原料油分影響から処理量の増加程には原油生産量は増えていない。原料同様にごま、米糠は増加、あまには2年ぶり増

加。これらの結果、全体では１６１万６千ｔ（同１０２・８％）となった。

油粕生産量は、原料処理量と同様に大豆粕１８１万７千ｔ（対前年比１０４・１％）、菜種粕１３１万８千ｔ（同１０７・１％）と増加。全体では同１０４・７％の３３６万５千ｔとなった。

④ **販売数量、売上金額および従業員１人当たり売上高**

油脂の販売数量（２０２１年）は２０６万ｔ（対前年比１００・０％）、売上金額４８６７億円（同１２０・４％）と金額は増加した。コロナ禍影響前である19年の数量水準に戻らず、一方で一定の価格改定効果により売上金額は増加した。

油粕は、販売数量３４５万ｔ（対前年比１０４・７％）、売上金額１８０４億円（同１３６・５％）と増加。一定の価格改定効果により売上金額は増加した。

その他関連製品を含めた全体の売上金額は７１４０億円（対前年比１２３・０％）。また、従業員１人当たりの売上高は２億３６００万円（同１２０・６％）となった。

４　植物油の今後について

植物油業界は、わが国フードサプライチェーンのコア産業の一角を占める存在であり、国民の命と健康を支える価値ある植物油を安心、安全、安定的に消費者に提供する責務を有している。

コロナ禍という未曾有《みぞう》の事態に直面し、生活様式や食スタイルも新しいものになったが、ポストコロナにあって、所与とされてきたパラダイムが今、内外ともに大きな変革を遂げようとしている。安全・安心と健康の維持向上に対する要求水準がいっそう高度化、複雑化している。また、高齢化の進展の一方で、近年、仕事や趣味にも非常に意欲的でチャレンジ精神が旺盛なアクティブシニアの増加など、消費動向の変化が指摘されている。

こうした状況を踏まえ、植物油業界においては、消費の新たな動向に柔軟に対応するとともに、今後とも継続するとみられる不透明な経済環境やパラダイムシフトした市場情勢の下で、産業の活性化を図ることを基本課題とし、関係企業相互間のフェアで透明性の高い競争が展開できる市場の構築と相互協調を推進していく必要がある。

今後、食料としての植物油需要は拡大する見込みだが、バイオ燃料等の新規需要に加え、中国をはじめとした途上国の需要は継続拡大が想定される。わが国の製油会社としては、植物油製品を安定供給していくために、世界的な植物油の需要増を基盤にした価格で輸入、調達をして、国民のニーズに的確に対応した多様で品質の良い製品を販売していく基本的な構図に変わりはないものと想定される。

こうした植物油を巡る厳しい環境を踏まえ、わが国の植物油メーカーは、植物油の品質の向上や安定、植物油の美味しさを生かす利用法の提案や商品開発に努めるとともに、地球環境に対する社会的な要請、植物油の使用期間の延長技術、脱炭素燃料化への取組み、包装容器の改善、標準化の追求等による物流改革、企業間連携による最適サプライチェーンの創出を含め、生産性向上やサステナビリティ確保などの努力を通じて、業界全体のさらなる発展が期待されている。

植物油を提供する各業界には、将来にわたって世界最高の長寿国ニッポンを支え、命と健康を守るとともに、多様な機能を有する「植物油の価値」の再認識と、価値に見合い、安心・安全で確かな品質の製品の安定的供給体制の整備を業界全体として総力を挙げて取り組んでいくことが期待されている。

第3章 油脂とは

1 油脂の定義

油という言葉は日常漠然とした意味で使用されているが、これには常温で粘度のあるもの、また、「水と油」の例えのように水に混じらず、水より軽いものがすべてあてはまる。このように一般に油と呼ばれているもののなかには、なたね油、大豆油などの植物系のもの、ラード、バターなどの動物系のもの、またガソリン、灯油などの鉱物系のものまで含まれ、幅広い範囲で使われている。

しかし、植物系・動物系の油と鉱物系の油では化学構造がまったく違う。植物油や動物の油は私たちが栄養源として消化吸収できるのに対して、鉱物油は栄養源にならないだけでなく有害である場合が多い。このため、これら動植物系の油を総称して「油脂」と呼び、鉱物系の油と区別をしている。

化学的にみると油脂は脂質の分類に属する。脂質は大きく分けて、加水分解をするものとしないものに分けられ、加水分解するものにはグリセリド、ロウ、リン脂質、糖脂質などがあり、しないものには脂肪酸、高級アルコール、ステロール、炭化水素などがある。油脂はこれら脂質のなかの前者に含まれ、構造が脂肪酸とアルコールの簡単なエステル結合であることから単純脂質に分類されている。

用途的には、古くから食用のほか、燈火用、石鹸原料等工業用としても使われており、最近ではバイオ燃料の原料としても注目を浴びている。

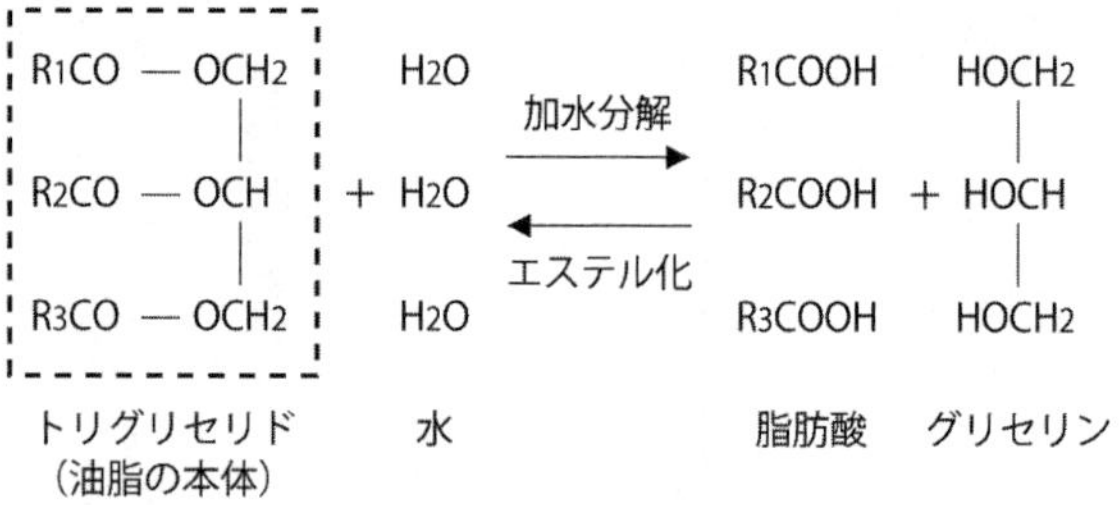

図表３－１
トリグリセリドの構造と加水分解・エステル化

2 油脂の構造

油脂は、1個のグリセリンと3個の脂肪酸とがエステル結合したトリグリセリドが基本の化学構造である。トリグリセリドの化学構造を図表3—1に示す。上記のR_1、R_2、R_3は、アルキル基（CH_3-CH_2-……CH_2-）と呼ばれ、脂肪酸にはそのアルキル基で種類の違うものがいくつも存在する。

油脂の物性や化学的性質は、油脂を構成する脂肪酸がトリグリセリドの約95%を占めることから、脂肪酸の種類、比率そして結合の位置により違いが生じる。また、油脂においては、このトリグリセリド以外にわずかではあるが、グリセリンに脂肪酸が1つしか結合していないモノグリセリド、2つ結合しているジグリセリドも含まれている。また、天然の油脂にはその他の脂溶性成分が微量に存在する。

図表３－２　脂肪酸の化学構造と融点

名称	簡略表記	化学構造（炭素位置 22 21 20 19 18 17 16 15 14 13 12 11 10 9 8 7 6 5 4 3 2 1）	融点（℃）
酪酸	$C_{4:0}$	$CH_3-CH_2-CH_2-COOH$	－7.9
カプロン酸	$C_{6:0}$	$CH_3-CH_2-CH_2-CH_2-CH_2-COOH$	－3.4
カプリル酸	$C_{8:0}$	$CH_3-CH_2-CH_2-CH_2-CH_2-CH_2-CH_2-COOH$	16.7
カプリン酸	$C_{10:0}$	$CH_3-CH_2-CH_2-CH_2-CH_2-CH_2-CH_2-CH_2-CH_2-COOH$	31.6
ラウリン酸	$C_{12:0}$	$CH_3-CH_2-CH_2-CH_2-CH_2-CH_2-CH_2-CH_2-CH_2-CH_2-CH_2-COOH$	44.2
ミリスチン酸	$C_{14:0}$	$CH_3-CH_2-CH_2-CH_2-CH_2-CH_2-CH_2-CH_2-CH_2-CH_2-CH_2-CH_2-CH_2-COOH$	54.4
パルミチン酸	$C_{16:0}$	$CH_3-CH_2-CH_2-CH_2-CH_2-CH_2-CH_2-CH_2-CH_2-CH_2-CH_2-CH_2-CH_2-CH_2-CH_2-COOH$	63.1
パルミトオレイン酸	$C_{16:1}$	$CH_3-CH_2-CH_2-CH_2-CH_2-CH_2-CH=CH-CH_2-CH_2-CH_2-CH_2-CH_2-CH_2-CH_2-COOH$	0.5～1.0
ステアリン酸	$C_{18:0}$	$CH_3-CH_2-CH_2-CH_2-CH_2-CH_2-CH_2-CH_2-CH_2-CH_2-CH_2-CH_2-CH_2-CH_2-CH_2-CH_2-CH_2-COOH$	69.6
オレイン酸	$C_{18:1}$	$CH_3-CH_2-CH_2-CH_2-CH_2-CH_2-CH_2-CH_2-CH=CH-CH_2-CH_2-CH_2-CH_2-CH_2-CH_2-CH_2-COOH$	16.3
リノール酸	$C_{18:2}$	$CH_3-CH_2-CH_2-CH_2-CH_2-CH=CH-CH_2-CH=CH-CH_2-CH_2-CH_2-CH_2-CH_2-CH_2-CH_2-COOH$	－5.0
α-リノレン酸	$C_{18:3}$	$CH_3-CH_2-CH=CH-CH_2-CH=CH-CH_2-CH=CH-CH_2-CH_2-CH_2-CH_2-CH_2-CH_2-CH_2-COOH$	－11.0～－12.8
アラキジン酸	$C_{20:0}$	$CH_3-CH_2-CH_2-CH_2-CH_2-CH_2-CH_2-CH_2-CH_2-CH_2-CH_2-CH_2-CH_2-CH_2-CH_2-CH_2-CH_2-CH_2-CH_2-COOH$	75.4
ベヘン酸	$C_{22:0}$	$CH_3-CH_2-CH_2-CH_2-CH_2-CH_2-CH_2-CH_2-CH_2-CH_2-CH_2-CH_2-CH_2-CH_2-CH_2-CH_2-CH_2-CH_2-CH_2-CH_2-CH_2-COOH$	79.9
エルカ酸（エルシン酸）	$C_{22:1}$	$CH_3-CH_2-CH_2-CH_2-CH_2-CH_2-CH_2-CH_2-CH=CH-CH_2-CH_2-CH_2-CH_2-CH_2-CH_2-CH_2-CH_2-CH_2-CH_2-CH_2-COOH$	34.7
リシノール酸	－	$CH_3-CH_2-CH_2-CH_2-CH_2-CH_2-CH(OH)-CH_2-CH=CH-CH_2-CH_2-CH_2-CH_2-CH_2-CH_2-CH_2-COOH$	5.5

3　油脂を構成する脂肪酸

油脂を構成する脂肪酸は一般的にカルボキシル基(-COOH) をもつカルボン酸で鎖状構造を有しており、RCOOHと表され、そのアルキル基（R）の分子量が違うものが存在する。脂肪酸は、アルキル基の炭素数（C）にカルボキシル基（- COOH）の炭素数1を加えて表す。通常油脂を構成する脂肪酸の炭素数は16~18が多く、8~24ぐらいの範囲に分布している。炭素数が12以上の脂肪酸を長鎖脂肪酸、8~10を中鎖脂肪酸、それ以下を短鎖脂肪酸と呼ぶ。

これとは別に化学構造上、アルキル基内に二重結合をもたないものを飽和脂肪酸、もつものを不飽和脂肪酸と呼んでいる。二重結合を1つもつ脂肪酸を一価不飽和脂肪酸、2つ以上もつものを多価不飽和脂肪酸と呼ぶ。

一般的に脂肪酸の表記法としてC［炭素数］:［二重結合の数］で表される。たとえば、リノール酸の場合、炭素数は18で二重結合を2個もっていることから、$C_{18:2}$と表す。脂肪酸の化学構造と融点を図表3―2に示す。

不飽和脂肪酸については、二重結合の位置が異なる異性体が存在する。一般にn - 3（エヌ3）、n - 6（エヌ6）などの呼称で示されるが、これはメチル基側から数えて3番目あるいは6番目の炭素にメチル基側の最初の二重結合があることを示している。同様の意味でω - 3（オメガ3）、ω - 6（オメガ6）という呼称も使われる。

(1) 飽和脂肪酸

代表的な飽和脂肪酸として、ラウリン酸（$C_{12:0}$）、パルミチン酸（$C_{16:0}$）、ステアリン酸（$C_{18:0}$）などがあり、牛脂、豚脂、やし油、パーム油など固形脂の脂肪酸の主成分をなす。飽和脂肪酸は二重結合をもたないため化学的に安定で、また、炭素数の増加とともに融点（融ける温度）は上昇する。油脂中に含まれるほとんどの飽和脂肪酸は常温で固体のため、飽和脂肪酸をたくさんもつ牛脂、豚脂、やし油、パーム油などは常温で固体となる。

(2) 不飽和脂肪酸

代表的な不飽和脂肪酸として、オレイン酸（$C_{18:1}$）、リノール酸（$C_{18:2}$）、リノレン酸（$C_{18:3}$）などがあり、広く油脂全般に含まれている。不飽和脂肪酸は化学構造内に二重結合があるため化学的に不安定であり、その数が増すにつれ不安定さが増加する。また、融点は低く、常温で液状である。

(3) その他の脂肪酸

その他の脂肪酸として、アルキル基内に水酸基をもつヒドロキシ酸や共役脂肪酸などがある。ヒドロキシ酸の代表的なものはリシノール酸で、ひまし油の中に多く含まれている。また、共役脂肪酸としてはエレオステアリン酸が知られており、きり（桐）油に多く含まれている。これらの油脂はその脂肪酸の化学的な特性より、工業用として使用されることが多い。

4 油脂の分類

油脂の分類にはいくつかの方法があるが、主なものは、①採油する原料から動物油、植物油と分類する方法、②常温で固形、液状というように性状で分類する方法、③化学的性質から乾性油、不乾性油、半乾性油に分類する方法、④構成する脂肪酸の種類の組成によって分類する方法がある。一般的な油脂の分類を図表3－3に示す。

ここでいう乾性油とは、二重結合を多くもつ不飽和脂肪酸を主体とした油脂で、酸化されやすく、熱をかけると重合しやすい。この酸化重合しやすい（乾燥しやすい）性質を称して乾性油と呼んでいる。逆に、不乾性油は二重結合の少ない安定した飽和脂肪酸からなる油脂で、酸化、重合（乾燥）しにくい。その中間に半乾性油と呼ばれる油脂がある。

図表3―3の分類方法のほか、工業的利用の見地から主な脂肪酸により左記のように分類されることもある。

ラウリン酸型……やし油、パーム核油
オレイン酸型……つばき油、オリーブ油
リノレン酸型……あまに油
エルカ酸型……なたね油（在来種）、からし油
ヒドロキシ酸型…ひまし油

しかし、この分類は油脂のすべてについて十分分類しきれていないため、便宜上のラフな分類となっ

- 油脂
  - 液体油
    - 植物油
      - 乾性油………あまに油、桐油、サフラワー油、ひまわり油など
      - 半乾性油……大豆油、なたね油、コーン油、綿実油、こめ油、ごま油など
      - 不乾性油……オリーブ油、落花生油、椿油など
    - 動物油
      - 陸産動物油……牛脚油など
      - 水産動物油……鯨油、いわし油、にしん油など
  - 固形脂
    - 植物脂………パーム油、パーム核油、やし油など
    - 動物脂………牛脂、牛酪脂、豚脂など

図表３－３　油脂の分類

ている。

5 油脂の種類

われわれが食用としてよく目にする主な油脂について以下に紹介する。また、それぞれの油脂の脂肪酸組成を図表3―4に示す。

(1) なたね油

なたねから採油され、原料油分は38～44％程度。なたねの主産地はEU諸国、中国、カナダ、オーストラリアなど。従来のなたねはエルカ酸が40～50％含まれていたが、栄養的な問題があるとされたためカナダにおいて品種改良が行われ、エルカ酸（$C_{22:1}$）をほとんど含まないなたね（キャノーラ）が開発された。今日では日本への輸入なたねは、特殊な用途のものを除きキャノーラ種となっている。

なたね油は淡白な風味、低温で固まりにくい、高温での安定性が高いといった特徴から、単独あるいは他の油脂と混合して家庭用や業務用に幅広い用途で使われている。なたね油は日本でもっとも消費量の多い油である。脂肪酸組成としてはオレイン酸含量が多いのが特徴で、近年では60％を超えるものが多い。さらに、酸化安定性や栄養面などの観点から、品種改良によりオレイン酸を75％程度まで高めたハイオレイックタイプや、リノレン酸を2％程度まで低減させたローリノレニックタイプも生産されている。

(2) 大豆油

大豆から採油され、原料油分は16～22％程度。大豆の主産地は米国、ブラジル、アルゼンチン、中国など。脂肪酸組成はリノール酸を多く（48～59％）含んでいる。日本においては、大豆はなじみの深い

図表3－4　油脂の脂肪酸組成（分析値例）

種類名	脂肪酸組成（%）										
	$C_{8:0}$	$C_{10:0}$	$C_{12:0}$	$C_{14:0}$	$C_{16:0}$	$C_{16:1}$	$C_{18:0}$	$C_{18:1}$	$C_{18:2}$	$C_{18:3}$	C_{20} 以上、その他
なたね油（キャノーラ）※1				0.0	4.0～4.5	0.2～0.3	1.6～1.9	61.2～64.6	18.8～20.6	7.8～10.2	2.0～2.7
なたね油（キャノーラ）※2				0.0	3.7～4.1	0.2～0.3	1.7～2.0	72.2～75.6	14.2～16.6	2.1～3.2	2.1～2.6
大豆油				0.0	10.3～10.8	0.0～0.0	3.8～4.5	21.3～24.9	52.2～56.0	6.8～8.4	0.9～1.3
とうもろこし油					10.5～12.0	0.0～0.1	1.7～2.1	29.0～34.4	49.5～55.6	0.9～2.2	0.7～1.3
サフラワー油（ハイリノレイック）				0.1	6.3～6.8	0.0～0.0	2.4～2.8	14.1～17.6	71.5～75.4	0.3～0.7	0.7～1.1
サフラワー油（ハイオレイック）				0.0～0.1	4.6～5.1	0.0～0.1	1.9～2.2	74.3～80.5	11.3～16.5	0.0～1.1	1.0～1.7
ひまわり油（ハイリノレイック）				0.0～0.1	6.4～6.8	0.1～0.2	3.3～3.4	31.8～32.4	55.4～56.6	0.1～0.2	1.4～1.8
ひまわり油（ハイオレイック）				0.0	3.6～4.3	0.0～0.2	2.3～3.0	80.8～88.5	3.8～10.9	0.0～0.7	1.4～2.1
綿実油				0.6～0.7	19.2～24.8	0.5～0.7	2.4～2.8	16.9～23.6	51.5～57.6	0.3～0.8	0.3～0.9
ごま油					9.0～9.7	0.1	5.4～6.0	39.6～41.3	42.0～44.3	0.2～0.3	0.8～1.1
こめ油				0.3	15.9～17.8	0.1～0.2	1.7～1.9	42.0～44.2	34.2～35.3	1.1～1.4	1.7～2.0
オリーブ油					9.8～16.2	0.6～2.0	1.9～3.6	62.8～78.9	5.3～15.1	0.6～0.8	0.9～2.0
落花生油				0.0	10.2	0.0	3.4	47.7	32.3	0.1	6.3
ぶどう油					6.6～6.8	0.0～0.1	3.9～4.0	17.0～18.8	69.6～71.7	0.4～0.5	0.4
パーム油		0.0	0.1～0.6	0.9～1.1	43.2～44.6	0.2	4.2～4.8	38.6～40.4	9.3～10.3	0.1～0.2	0.4～0.9
パームオレイン油			0.2～0.4	0.9～1.1	31.2～40.2	0.2～0.3	3.1～4.3	42.2～49.6	10.4～14.4	0.1～0.4	0.4～0.6
パーム核油	2.6～3.1	2.9～3.2	46.1～48.0	16.1～16.6	8.6～9.3		2.4～3.0	15.2～17.1	2.4～2.7		0.1～0.5
やし油	5.3～6.7	5.1～5.5	46.2～48.4	18.6～19.5	9.2～11.0		2.7～3.5	6.9～8.1	1.6～1.9		0.3～0.6
牛脂				4	30	5	25	35	1		
豚脂				1	29	3	15	43	9		

原料であり、搾油時に発生する脱脂大豆は飼料原料など幅広い用途に利用される。大豆油の国内での消費量は、なたね油、パーム油に次いで第3位である。

独特のうま味とコクがある油で、加熱安定性も高いことから、生食用、フライ用に幅広く使用されている。

(3) とうもろこし油（コーン油）

とうもろこしの胚芽から採油する。胚芽に含まれる油分は40～55％程度。とうもろこしの主産地は米国、中国、EU諸国、ブラジルなど。脂肪酸組成はリノール酸（34～66％）、オレイン酸（20～43％）などからなっている。

とうもろこし油は他の植物油と比較して酸化防止剤として働くトコフェロール量が多く、光による酸化を促進するクロロフィルが少ないことなどから、リノール酸が多いにもかかわらず加熱時や調理後の酸化安定性が良い。風味安定性も良好であることから、フライ用途から生食用途まで幅広く利用される。独特の香ばしい香りが特徴。

(4) サフラワー油

べに花（サフラワー）の種子から採油され、原料油分は25～45％程度。主産地はインド、米国、メキシコ、アルゼンチンなど。サフラワー油はリノール酸を多く（67～84％）含むハイリノレイックタイプと、オレイン酸を多く（70～84％）含むハイオレイックタイプがあるが、現在生産されているサフラワー油のほとんどはハイオレイックタイプである。トコフェロールが豊富なこと、淡白でくせのない風味が特徴である。

(5) ひまわり油

ひまわりの種子から採油され、原料油分は28～

47％程度。主産地はEU諸国、ロシア、ウクライナ、アルゼンチンなど。脂肪酸組成は、リノール酸を多く（48～74％）含むハイリノレイックタイプと品種改良によりオレイン酸含量を高めた（オレイン酸75～91％）ハイオレイックタイプが生産、流通されている。ハイオレイックタイプはトコフェロールを多く含み、高い酸化安定性や、健康面から非常に優れた油脂である。

(6) 綿実油

綿花の種子から採油され、原料油分は15～25％程度。主産地は中国、インド、パキスタン、米国など。脂肪酸組成はパルミチン酸（19～27％）、オレイン酸（14～24％）、リノール酸（46～59％）などからなっている。

綿実油は上品なコクのある風味で、風味安定性、酸化安定性も優れ、高級油として使われている。しかし、飽和脂肪酸が多く寒い季節には白濁してしまうため、生食用としては脱ロウ工程により固形成分を除く必要がある。

(7) ごま油

ごまの種子から採油され、原料油分は44～54％程度。主産地はインド、ミャンマー、中国、スーダン、タンザニアなど。脂肪酸組成はオレイン酸（35～43％）、リノール酸（39～48％）などからなっている。ごま油は非常に高い酸化安定性を示すが、これは他の油脂にはみられないリグナン類（セサモールなど）を含有することに起因するといわれている。原料であるごまを、あらかじめ焙煎することで、ごま油特有の風味と芳香を付与することができる。その風味を生かして天ぷらや中華料理など幅広く利用される。焙煎をしないタイプもある。

(8) こめ油

玄米を精米するときに生じる米ぬかから採油され、油分は米ぬか中で15～21％程度。脂肪酸組成は、オレイン酸（38～46％）、リノール酸（33～40％）などからなっている。国産原料から生産される植物油脂として生産量はもっとも多い。風味にコクがあるため、米菓、スナック菓子などの揚げ油、コーティング油などに使用される。酸化安定性の良い油脂として知られており、こめ油特有の微量成分であるγ－オリザノールとトコフェロールの影響といわれている。

(9) オリーブ油

オリーブの果実から採油され、果肉の油分は40～60％程度。主産地はスペイン、イタリア、ギリシャなど。脂肪酸組成は、オレイン酸を多く（55～83％）含み、酸化安定性に優れているが、冬場などに冷えると油脂成分が白濁したり沈殿したりする。

バージンオリーブ油とは、圧搾などの物理的方法のみで採取し、いわゆる精製工程を経ないで製造されたものをいう。官能検査や酸度で4つのグレードに分けられ、高品質なものから順にエクストラバージンオリーブ油、バージンオリーブ油、オーディナリーバージンオリーブ油、ランパンテバージンオリーブ油となる。ランパンテバージンオリーブ油は食用に適さないため、工業用途や、精製工程を通して精製オリーブ油となる。精製オリーブ油と食品用途のバージンオリーブ油をブレンドしたものをオリーブ油（日本ではピュアオリーブ油と呼ばれている）という。とくに、バージンオリーブ油は風味、芳香に大きな特徴があり日本でも消費量が急激に伸びている。

⑽ 落花生油

落花生（グラウンドナッツ）の種から採油され、原料油分は41～56％程度。主産地は中国、インド、ナイジェリア、米国など。脂肪酸組成は、オレイン酸（37～50％）、リノール酸（31～42％）などである。落花生油の特徴は、長鎖飽和脂肪酸のベヘン酸、リグノセリン酸を含有し、また、飽和脂肪酸が多いことで、融点が高く、寒い時期には白濁やゲル化してしまうことがあるが、酸化安定性は良い。落花生油はごま油やオリーブ油とともに、風味や芳香に特徴をもつ油として、中華料理やフランス料理に珍重されている。

⑾ ぶどう油

ワインの副産物であるぶどうの種子より採油され、独特の淡緑色の色調をもつ油である。油分は種子中約7～21％程度。脂肪酸組成は、オレイン酸（12～28％）、リノール酸（58～78％）などである。

⑿ えごま油

えごま油は、しそ科のえごまという一年草の種子より搾油された油で種子中の油分は40～49％程度。原産地は中国、インドなど。脂肪酸はα－リノレン酸を多く（60～65％）含んでいる。わが国においても古来、乾性油として工業用途に使用されていたが、なたね油や石油製品の普及により乾性油としての特質が不可欠な用途に限られ、生産量は減少した。しかし、α－リノレン酸の生理活性に注目され、現在では食用などに利用されている。

⒀ パーム油

オイルパーム（アブラヤシ）の果肉部から採油され、果肉油分は45～50％程度。主産地はインドネシア、マレーシアなど。脂肪酸組成は、パルミチン酸

（39～48％）、オレイン酸（36～44％）、などからなっている。パルミチン酸が多いことから、融点が高く常温では固体である。また、酸化安定性に優れ、風味も淡白であることから、保存性が要求される食品のフライ油やマーガリン、ショートニングの原料として使われている。

世界でもっとも多く生産されている植物油脂である。日本においては2009年に大豆油の供給量を上回り、現在はなたね油に次いで第2位の消費量。

⒁ パームオレイン、パームステアリン

パーム油は、脂肪酸組成とともにそのトリグリセリド組成に特徴をもっており、構成するトリグリセリドの融点差を利用して必要とする性状を有する油脂に分別した二次製品が利用されるようになっている。この分別により得られる低融点成分をパームオレイン、高融点成分をパームステアリンという。

JAS規格ではパームオレインはヨウ素価56～72、上昇融点24℃以下、パームステアリンはヨウ素価48以下、上昇融点44℃以上などの規定がある。また、パームオレインをさらに分別したスーパーオレインは、常温でほとんど固まらず、それをさらに分別したようヨ素価70以上のトップオレインも製造できるようになった。

⒂ パーム核油

オイルパーム（アブラヤシ）の核（種子）から採油され、核の油分は44～53％程度。脂肪酸組成は果肉部分から得られるパーム油とは異なり、ラウリン酸（45～55％）、ミリスチン酸（14～18％）などからなる。やし油と脂肪酸組成が似ていることから、その性質もよく似ており、酸化安定性が非常に良く、加水分解しやすい。やし油とほぼ同様の用途に使用される。

⒃ やし油

ココヤシの果実の胚乳を乾燥したコプラから採油され、コプラの油分は65~75%程度。主産地はフィリピン、インドネシア、インドなど。脂肪酸組成は、ラウリン酸（45~54%）、ミリスチン酸（16~21%）などからなっており、飽和脂肪酸を多く含んでいる。そのため常温で固体であり、酸化安定性は非常に良いが、加水分解しやすいという欠点がある。やし油は、マーガリン、ショートニング等の食用用途のほか、セッケン等の原料として工業的にも多く使われている。

⒄ 牛脂（タロー）

牛の脂肉から溶出し採油され、脂肪酸組成はパルミチン酸、ステアリン酸、オレイン酸の他、ミリスチン酸、リノール酸などからなっている。とくにこれを融点付近の温度で圧搾することで、オレイン酸を多く含む上質な油が得られ、食用に利用される。一方、残りの固形部分は、ステアリン酸やパルミチン酸などの飽和脂肪酸を多く含み、セッケンや化粧品などに利用される。

牛脂は常温で固体であるが、植物系固形脂と違い酸化安定性はあまりよくない。これは、植物油と違い天然の抗酸化成分をほとんど含まない影響と考えられ、トコフェロール等の抗酸化剤を加えて安定性を高めている。

⒅ 豚脂（ラード）

豚の各部の脂肪より採油する。世界的に生産量が多いのは中国、米国、ドイツなどだが、日本国内の消費量についてはほぼ国内産でまかなわれている。脂肪酸組成は、パルミチン酸、ステアリン酸、オレイン酸のほか、ミリスチン酸、パルミトオレイン酸、リノール酸などであるが、性状は品種、部位、飼養日齢等によって異なる。牛脂同様、常温で固体だが酸化安定性はあまりよくないので、豚脂もトコフェロールを添加し安定性を高めている。

⒆ 魚 油

いわし油、さば油、さんま油、たら肝油、さめ肝油などが知られている。いずれの油においても長鎖の多価不飽和脂肪酸を多く含んでいるため酸化安定性はたいへん悪い。しかし、これらの長鎖多価不飽和脂肪酸には、生理活性のあるエイコサペンタエン酸（EPA）やドコサヘキサエン酸（DHA）が含まれ、肝油にはビタミンA、Dが含まれている。これらの油は酸化されやすいことや特有の臭いがあるため、そのまま食用とされるよりは水素添加を行い、ほとんどが硬化油として使われる。

6 油脂の特徴

油脂の外観および物理的・化学的特徴を以下に示す。

⑴ 外観・色・風味

採油されたばかりの油脂は、原料由来の色および臭いをもっており、また、水分や不純物を含んでいるため濁っている。一般の油脂はこれを精製することにより透明で淡黄色のにおいのない油脂となる。

⑵ 比 重

油脂の比重は、グリセリドを構成する脂肪酸の組成により影響を受け、低級脂肪酸、不飽和脂肪酸が多いほど大きな数値となる。しかし、油脂の脂肪酸分布はあまり広くないことから、原料の違いによる影響はあまり受けず、比較的狭い範囲内にある。図

表3―5に油脂の物理的特徴を示す。

(3) 屈折率

油脂の屈折率は油脂の特徴を示す数値の一つであり、構成する脂肪酸の組成によって異なる。一般的に長鎖脂肪酸、不飽和脂肪酸を多く含むものほど大きい。しかし、遊離脂肪酸含量、酸化や熱処理などの要因によっても影響を受ける。

(4) 粘性（粘度）

油脂は長鎖の化合物であることから粘性を示す。粘度は比重と同様グリセリドを構成する脂肪酸の組成により影響され、低級脂肪酸、不飽和脂肪酸が多い場合に若干低下する傾向がみられるが、大きな相違はみられない。しかし、ヒドロキシ酸が結合したもの、酸化重合した油脂などは粘度が高くなる。

図表3－5　油脂の物理的特徴

種類名	比重（d）	融点（℃）	引火点（℃）
なたね油（キャノーラ）	0.907～0.919（25）	－12～0	313～326
大豆油	0.916～0.922（25）	－8～－7	314～327
とうもろこし油	0.915～0.921（25）	－18～－10	302～329
サフラワー油（ハイリノレイック）	0.919～0.924（25）	～－5	318～323
ひまわり油（ハイリノレイック）	0.915～0.921（25）	－18～－16	320～321
綿実油	0.916～0.922（25）	－6～4	304～327
ごま油	0.914～0.922（25）	－6～－3	262～314
こめ油	0.915～0.921（25）	－10～－5	302～325
パーム油	0.897～0.905（40）	27～50	311～313
パームオレイン	0.900～0.907（40）	～24	312～313
オリーブ油	0.907～0.913（25）	0～6	304～312
落花生油	0.910～0.916（25）	0～3	317～325
やし油	0.909～0.917（40）	20～28	277～279

(5) 融解、凝固

油脂においても温度により融解、凝固が起こる。しかし、油脂はグリセリンと種々の脂肪酸が結合した複雑な構造の物質であることから、固形油脂が加熱により融解しはじめてから完全に透明になるまでの温度と、液体油脂が冷却されて濁り始めてから固化するまでの温度との間には、水と異なり開きがある。油脂においては、一般的に凝固する温度（凝固点）ではなく融解する温度（融点）を用いてその性状を表す場合が多い。この融点はグリセリドを構成する脂肪酸の組成や結合位置に大きく影響され、低級脂肪酸、不飽和脂肪酸が多くなると融点は低くなる（図表3―5）。

(6) 発煙、引火、発火

①発　煙

油脂は水などと異なり、沸騰することはなく、加熱を続けると温度は上昇し続ける。精製したばかりの油脂は、通常の調理で使用される160～180℃の温度では発煙しないが、230～245℃になると油種を問わず発煙が始まる。ごま油などの未精製油は180℃前後から発煙が始まる。発煙が始まる温度を発煙点と呼ぶ。発煙点は、遊離脂肪酸、不けん化物、モノグリセリド、ジグリセリドなどの物質の含量が増加するにつれ低い温度になることから、油脂の精製度合の指標ともなる。また、加熱使用を繰り返し、油脂が劣化した場合も同様に低下することから、発煙は簡易的な油脂の劣化指標の一つとなっている（図表3―5）。

②引　火

発煙点からさらに温度が上昇してくると発煙がひどくなり、290～320℃で火種が近くにあると、その火種を拾って引火しやすい状態となる。引火する温度を引火点という。

③発　火

引火点からさらに加熱を続けることにより油温は上昇し、３７０~４００℃近くになると、火種がなくても自然に発火し燃え出す。この温度を発火点という。

(7) 劣化・酸化

油脂の劣化は、主としてトリグリセリドを構成する脂肪酸の化学反応で進行する。代表的なものは、脂肪酸の不飽和結合（二重結合）での酸化反応である。二重結合部分に空気中の酸素が結合し、油脂の劣化を引き起こす。その結果、油脂の風味の劣化が現われてくる。

酸化は脂肪酸の二重結合が多いほど速く、また、温度や光等に影響を受け、加速される。

(8) 加水分解

油脂はグリセリンと脂肪酸とがエステル結合したトリグリセリドの構造をしている。フライなど水分の存在する状態で加熱することにより、グリセリンと脂肪酸の結合部分が加水分解し、遊離の脂肪酸やジグリセリド、モノグリセリドが生成する。これら分解生成物は、におい、発煙、泡立ちなどの原因となる。

(9) 重　合

油脂の分類でも述べたように、乾性油に属する多価不飽和脂肪酸を多く含む油脂は酸化しやすく、熱などをかけると変質し、酸化重合を起こす。フライをしている調理場周りにおいて長期間使用した後の鍋や換気扇にこびり付いてベトベトしたものは、この油の酸化重合物である。食用としてはやっかいなものだが、この性質を利用して塗料等の工業用途の原料として使用されている。

⑽ その他

冒頭で述べたように、水と油は混じり合わないといわれているものの、実際上は微量であるが、油脂の中にも水分は溶け込んでいる。また、空気等の気体についても、同様にごく微量ではあるが油脂に溶ける性質をもっている。気体の溶け込む量（溶解度）は油脂の温度と気体の圧力により違いがあるとともに、気体の種類（酸素や二酸化炭素、窒素等）や油脂の種類によっても変わる。この溶け込んだ微量の酸素や水分が酸化や加水分解を起こし、劣化原因の一つになる。

7 油脂の構成成分

採油した直後の油脂は色が濃く臭いも強い。ごま油、オリーブ油などは風味や芳香の特徴を生かすため、そのまま使用されるが、他のほとんどの油脂は精製を行い、不要な成分を除去している。精製により除去される成分は油脂の原料によって種類および含量が異なるが、基本的には色素、臭い成分のほか、ガム質、トコフェロール、ステロール、微量金属、炭化水素などがある。

⑴ ガム質（リン脂質）

ガム質は別名リン脂質と呼ばれ、油脂のトリグリセリドの一部の脂肪酸がリン酸基となっており、ホスファチジルコリン、ホスファチジルエタノールアミン、ホスファチジルイノシトールなどがある。ガム質は、一般的に脱ガム工程により水和して除かれる。とくに、大豆のガム質は大豆レシチンと呼ばれ天然の乳化剤として使われるほか、生理効果に着目し健康食品として使われている。

(2) 色の成分

代表的な色の成分（色素）としては、パーム油や大豆油に含まれるカロテノイド、なたね油に含まれるクロロフィルなどがある。とくに、クロロフィルは、光に当たることにより油の酸化を促進するため、精製においてできるだけ除去する必要がある。この除去は通常、脱色工程で白土や活性炭等の吸着剤により行われる。

(3) 臭い成分

搾油されたばかりの油脂は、原料由来のそれぞれに特有な臭いをもっている。一般に、ごま油、オリーブ油、落花生油や一部のなたね油などの香味を特徴とする油脂以外は、原料特有の臭いが残っていることは好まれず、無味無臭が望まれている。臭いの物質は、低級脂肪酸、アルデヒド、ケトン、アミン類などであり、精製時、臭いを含む揮発成分の除去を脱臭工程により行っている。

(4) トコフェロール類

トコフェロールはビタミンEと呼ばれ、繁殖や成長にかかわるビタミンとして知られている。また、トコフェロールはこの栄養面とともに抗酸化効果があり、油脂の寿命延長に有効な成分である。しかし、油脂中の色素や臭い成分を取り除く精製工程の各段階、とくに脱臭工程で大きく減少してしまう。トコフェロールは陸産動物油脂においてはわずかしか含まれないが、植物油脂においては製品で数百ppm含まれている。また、トコフェロールと同様にパーム油等に含まれるトコトリエノールにおいても抗酸化効果があることが認められている。

(5) ステロール類

ステロールというと、すぐに思いつくのがコレステロールで、これは動物油脂に含まれる代表的なステロールとして知られている。同様に、植物油脂中には植物ステロールが含まれており、代表的なものとしてシトステロール、カンペステロールなどがある。

(6) 抗酸化成分

先のトコフェノール類と同じように、こめ油に含まれるオリザノールやごま油に含まれるセサモール、オリーブ油やぶどう油のポリフェノール類などが抗酸化成分として認められている。

〔参考資料〕

・農林水産省『我が国の油脂事情』(2021年)
・(社)日本油化学会『第四版 油化学便覧』丸善(2001年)
・戸谷洋一郎『油脂の特性と応用』幸書房(2012年)

第4章 植物油脂の製造法

1 油脂原料の輸入と保管

大豆の主な生産地はアメリカ、南米（ブラジル・アルゼンチン）、中国であり、日本への輸入はアメリカ・南米産がほとんどである。一方、なたねの生産地はカナダ・オーストラリア・ヨーロッパなどで、日本への輸入はカナダ産が圧倒的に多い。

原料は産地のエレベーターで輸送船に積み込まれて輸入され、荷揚げはアンローダーと呼ばれる荷役装置で行われる。いったんサイロへと受け入れられた原料は、採油までの間そこで貯蔵されることになるが、その間に品質が損なわれることなく、安定保存されることが要求される。

2 植物油脂の採油

(1) 採油の流れと採油設備

原料から採油を行う際に要求されることは、出油が効率よく行われることと、原油の品質が良いこと（後の精製工程での負担が少なく、安定した製品油が得られること）であり、図表4―1に示したフロー（大豆・なたね）にて原料の前処理と採油が行われる。

採油は装置型産業であり、連続的に大量の原料を処理できることが基本であることから、採油関連の設備も長い歴史のなかで効率化・大型化が進み、南米で近年新設される大型プラントでは連続抽出機やデソルベンタイザートースター（DT）の日産原料処理能力が1万tのラインが並列され、1カ所で3万tに達するものもある。

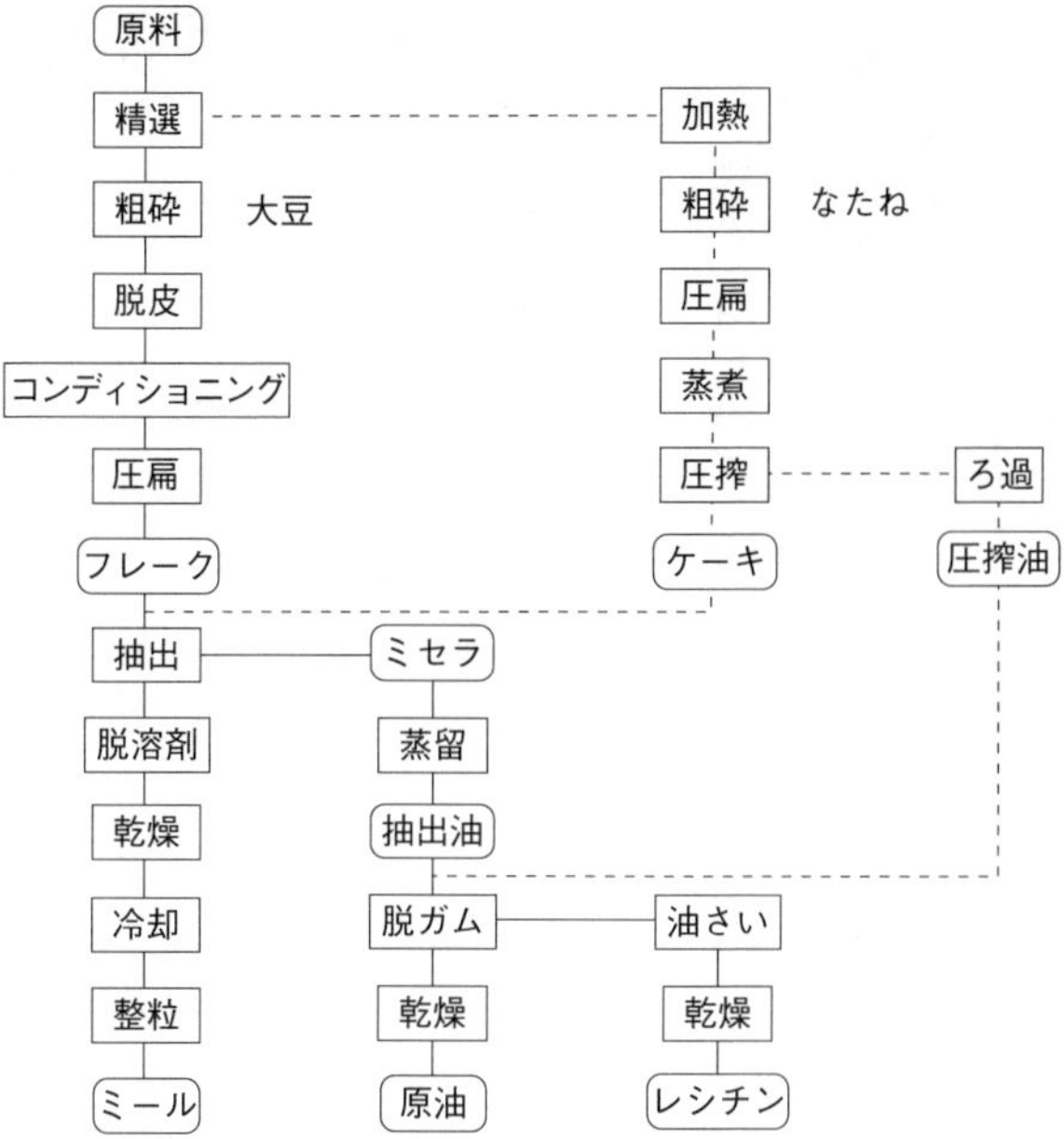

図表4－1　採油フロー

(2) 採油の前処理

前処理として通常行われる作業は、精選、脱皮、コンディショニング、圧扁《あっぺん》などである。

精選作業により原料に含まれる夾雑物《きょうざつぶつ》を除去した後、原料の特性に合わせいくつかの工程が組み合わされるが、そのなかでとくに重要な工程について紹介する。

大豆処理での脱皮工程は比較的大規模な設備を必要とする。抽出機への原料仕込み量を増やすことを可能とし、皮に含まれるロウ分などの不純物を抽出せずに済み、高たん白質のミール製造が可能となるなどのメリットがある。

コンディショニング工程は原料を加熱、調湿することで、この後の圧扁操作を最適にするための重要な工程であり、ロータリーキルンタイプやバーチカルタイプの設備が主に使用されている。原料の性状に合わせた運転技術が求められる。

圧扁工程はロール機にて原料をフレーク状に押し潰すことで細胞壁を破壊し、出油を容易にする工程で、効率よく油を溶出させるためにもっとも重要な工程である。フレークの厚さと抽出効率との間には密接な関係があり、大豆の場合には0・3㎜程度の厚みに調整される。また、より効率を上げる目的で、フレークをペレット化するエキスパンディングという方法も多く用いられている。

(3) 採油のプロセス

① 圧搾法

採油方法のうち、機械的な圧力により油分を絞り出す方法を圧搾法と呼び、なたねのように主に油分の高い原料処理に用いられる。また、オリーブのように商品特性から圧搾による採油がとくに重要なものもある。今日使用される圧搾装置は連続圧搾機（エキスペラー）と呼ばれ、連続的な採油が安定的に可能である。近年では一機あたり処理能力が日産700～900ｔの大型化も可能となっている。

② 抽出法

溶剤で直接油分を抽出する方法を抽出法といい、一般的には油分が20％程度の油糧種子からの採油に用いられている。大豆の場合は油分が約18～20％のため直接この方法が採用される。油分の高いなたねでは圧搾法により半分以上の油分が採油された後、残りの固形分（圧搾ケーキ）からの油分抽出に採用されている。

抽出に使用される溶剤は、不要な物質の溶出が少ないこと、蒸留時に必要とする熱量が小さくコストが低いこと、食品添加物であることなどの理由から一般にノルマルヘキサンが用いられている。抽出機内では、固体（フレークまたはケーキ）と溶剤が向流的に接触・移動しながら抽出が連続的に行われ、油分は溶剤に溶解した状態（ミセラ）で分離される。

抽出操作は引火性の強い溶剤を大量に使用するが、連続的に安全かつ高効率で運転できる専用の抽出機が採用されており、欧米の専門メーカーの設備が広く普及している。

続いてミセラを油と溶剤とに分離するための作業を蒸留という。溶剤と油の沸点の違いにより選択的に溶剤を分離するが、近年は、より高度な廃熱の利用や油の品質を損なわないシステムが確立されている。

このようにして得られた油を粗油と称している。

③ 圧抽法

前述の通り、圧搾法により油分の一部を絞ってから抽出法にて残りの油分を採油する方法を圧抽法と呼び、油分が比較的高い原料で一般的に採用されている。

(4) ミールの製法

抽出作業を終えた固形分は、脱溶剤とトーステイングを行うためにデソルベンタイザートースター（DT）と呼ばれる装置に送られる。脱溶剤されたミールは次にドライヤー工程により乾燥した後、クーラー工程で冷却が行われ、最後に整粒工程を経て製品ミールとなる。これらは大型の設備で大量のエネルギー消費を必要とすることから、最近では脱溶剤のための水蒸気との接触効率や、冷却・乾燥のための空気との接触効率が改良され、一体型の設備の普及も進んでいる。

また、食品衛生への関心が高まるなかで、飼料原料となるミールについても同様に高い衛生レベルが要求されるようになってきており、それに対応する設備改善が進められている。

3 植物油脂の精製

(1) 精製の流れと精製設備

① 精製工程

原料から搾油、抽出された粗油にはリン脂質、遊離脂肪酸、色素および微量金属などが含まれている。これらが残留することで異臭、風味の低下、発煙および保存性低下などの品質上の問題を引き起こす。精製工程はこれら残留物を除去し、品質の良い油をつくる工程であり、図表4―2で示したフローにて処理が行われる。

一般にサラダ油の製造を目的とした場合、精製工程では脱酸、脱色、脱ロウおよび脱臭が行われる。各工程の効果を図表4―3に示す。すべての食用油でこの処理が行われるわけではなく、オリーブ油やごま油、一部のなたね油などでは特有の風味、色の成分を残すために、一部の工程を省略したり処理を軽減したりして製造される場合がある。

② 脱酸設備

精製プロセスのうち、脱酸の主要設備はアルカリの添加装置、反応槽、遠心分離機および減圧乾燥機で構成される。油脂精製における遠心分離機の歴史は古く、初期の遠心分離機は円筒型（デカンター）が中心だったが、その後デラバル社、ウエストファリア社などによって、ディスク型の回転分離板を利用した遠心分離機が開発された。遠心分離機の導入により、バッチプロセスの欠点であった長い反応時間や分離不良による油のロスなどの欠点が改良され、遠心分離機を組み入れた自動連続プロセスが主流となった。

③ 脱臭設備

脱臭は食用油を製造する上での最終工程である。脱臭工程の主要機器は脱臭塔、真空発生装置および

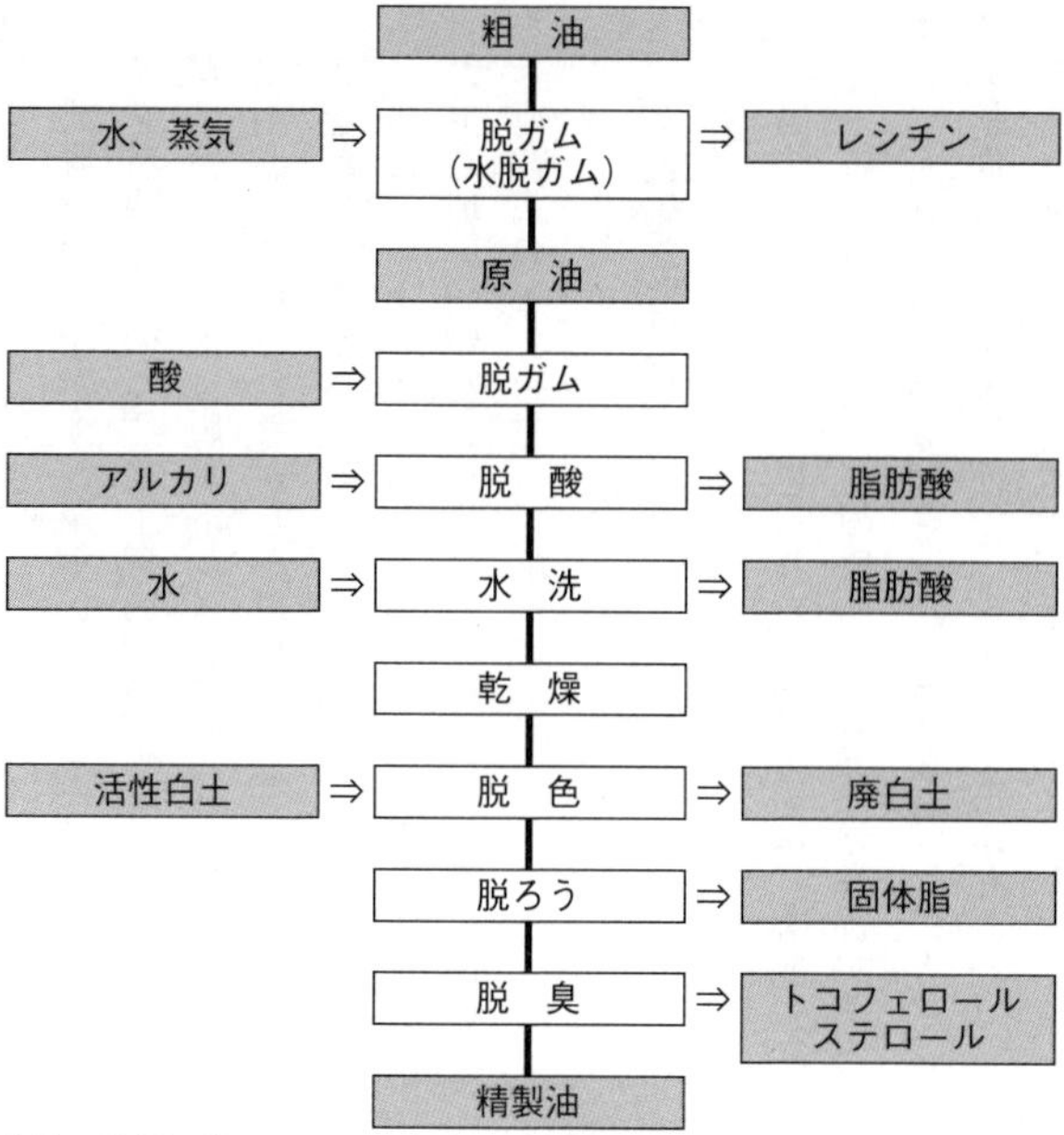

資料：公益社団法人日本油化学会『油脂・脂質の基礎と応用』

図表4－2　油脂の一般的な精製プロセス

図表4－3　油脂の精製工程と除去効果

工　程	除去されるもの
脱ガム	リン脂質などの水和性物質、ステロール、金属
アルカリ脱酸	遊離脂肪酸、残存リン脂質、色素、金属、着色成分
水　洗	セッケン
脱　色	色素（カロチノイド，クロロフィル）、着色成分、セッケン、酸化生成物、金属
脱　臭	遊離脂肪酸、不けん化物（ステロール、トコフェロール）、色素、臭い成分、残留農薬など

資料："New Food Ind.," 23 (9), p.2 (1981)

高圧ボイラーで構成される。図表4—4にガードラー式脱臭設備を示す。縦型のシェル内に多段のトレイを収めたもので、最上部の加熱トレイに未脱臭油が供給され、油は脱臭トレイを連続または半連続的に水蒸気蒸留されながら下段に落ちていく。吹き込み蒸気により吹き上げられた油がバッフルプレートに当たってトレイにもどる構造になっている。

大量処理に向いた連続式、多品種少量処理に向いた半連続式のどちらにも対応可能である。

(2) 精製のプロセス

① 脱ガム

抽出法や圧抽法にて得られた粗油中には、製品に残留すると劣化や泡立ちの原因となるリン脂質が含まれており、これを除去することを脱ガムという。リン脂質の多くが水和性で、水を加えて水和したリン脂質と油との間に比重差が生じることを利用し遠

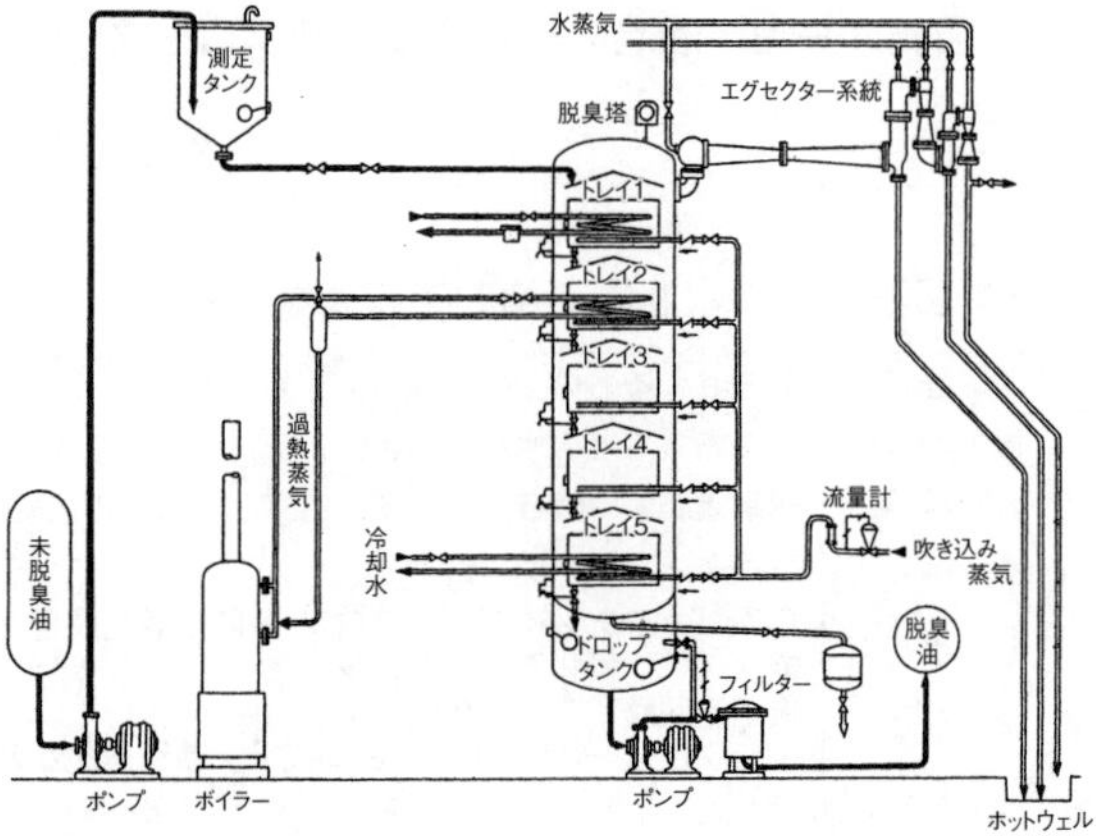

資料：安田耕作・福永良一郎・松井宣也　共著
『油脂製品の知識』(95頁) 幸書房

図表4—4　ガードラー式脱臭設備

心分離機で分離される。分離された油は減圧加熱により水分が除去される。

一方、分離されたリン脂質の水和物は油さいと呼ばれ、これから水分を除去などしたものは乳化機能を有するレシチンとなり、食品添加物として利用されている。非水和性リン脂質は酸を使用することで水和性リン脂質にして除去される。

②脱 酸

脱酸は主に原油中の遊離脂肪酸を除去する工程で、油種や国によりその方法は異なるが、大豆やなたねなどは非水和性リン脂質の脱ガムとアルカリによる脱酸を組み合わせた方法が一般に用いられている。加熱された原油に酸やアルカリを適正量添加することにより、原油中の非水和性リン脂質は水和性リン脂質に、また、遊離脂肪酸は脂肪酸セッケンとなり、油との間に比重差が生じることで油さい（アルカリフーツ）として遠心分離機で分離される。国内ではリン酸および苛性ソーダを使用する方法が一般的である。

脱酸効果は苛性ソーダ添加量、処理温度および処理時間が大きく影響する。ほかの脱酸方法としては、アルカリの中和ユニットを用いて原油とアルカリとの接触効率を高めたゼニスプロセス、アルカリを用いず脱臭工程で遊離脂肪酸を除去するフィジカルリファイニング（スチームリファイニング）などがある。

③脱 色

脱酸油にはクロロフィル、カロテンおよびトコフェロールなどの着色成分が残留している。脱色工程ではこれら着色成分を吸着剤により除去する。通常は活性白土を用いるが、活性炭を併用する場合もある。使用した吸着材はろ過機を用いて取り除かれる。この工程では着色成分のみならず、微量金属、残留セッケン分なども除去される。脱色効率の改善を目的に2段階で脱色を行う方法も採用されている。

④ **脱ロウ（ウインタリング）**

脱ロウは、油の耐寒性を高める目的で油中の高融点成分を分離させる工程である。サフラワー油、コーン油等にはワックスが、綿実油には固形脂が含まれており、低温での貯蔵などにより油のぼけ、曇りの原因になる。ワックスや固形脂は冷却することにより析出させ、ろ過等により分離することが可能である。

⑤ **脱　臭**

脱臭は精製での最終工程であり、油中の有臭成分、遊離脂肪酸および不けん化物などの揮発性成分を、高真空下で高温に加熱された油に水蒸気を吹き込むことにより除去する。最近ではアイスコンデンシングによる高真空化設備も導入され、エネルギーの効率化も行われている。

脱臭効果は温度、真空度、脱臭時間および水蒸気吹き込み量が影響し、適正な条件下で処理された脱臭油は風味が良く、色調が淡くなる。過度の脱臭では色調は淡くなるが、トコフェロール量が減少し、酸化安定性が低下する。

4　食用植物油脂の区分

(1)　ＪＡＳの区分

食用植物油脂は原料種子等を搾油し、脱ガム・脱酸・脱色・脱臭等の精製工程を経て製品となる。食用油の分類としては原料の種類により大豆油、なたね油、綿実油、ごま油やとうもろこし油、サフラワー油、オリーブ油などの呼称がある。一方、精製度合いや品質レベルの観点での区分として、ＪＡＳ（日本農林規格）による分類がある。

食用油のＪＡＳの分類では、さまざまな原料由来の油脂ごとに品質区分として「サラダ油」「精製油」「半精製油（軽度精製油）」に分けられており、それぞれの呼称に「○○サラダ油」「精製○○油」「○○油」という表現が使われる。さらに、原料が1種類の「単体の油」、ブレンドした「調合油」に分けられ各基準が定められている。JASのサラダ油の品質規格には、精製油の基準に加えて色や冷却安定性の基準がある。冷却安定性は油を0℃の状態に保ち、5時間30分経過した後でも清澄（濁ることなく透明感を保った状態）であることが定められている（図表4―5参照）。

(2) 区分別用途

一般に食料品店、スーパーマーケットなどで見られる家庭用食用油や業務用、加工用の食用油には次にあげる区分別用途が存在する。業務用、加工用の食用油において使われる「白絞油」という名称や、かつて使用されていた「天ぷら油」という呼称は、今日の「精製油」と同義である。

ここでは、食用植物油脂の区分別用途につき、なたね油を例にとり述べる。

① サラダ油

なたねサラダ油の用途としては、マヨネーズ、ドレッシングやマリネ等の料理に生のままの状態で使用されることが多いため、原料によっては脱ロウ工程を行って低温下で濁ったり固まったりする成分を除去する。

サラダ油であっても、冷蔵庫の中や気温の低い冬場など低温下に長時間置いておくと濁ったり固まったりするが、暖かい室内に置いたり温めたりすることにより、もとの透明な状態にもどり、固まる前と同じように使用できる。サラダ油に求められる品質は、使用する料理の特性上、風味が良く、色が薄いものが好まれている。マヨネーズやドレッシング

図表4－5　食用なたね油のJAS規格

区　分	基　準		
	なたね油	精製なたね油	なたねサラダ油
一般状態	なたね特有の香味を有し、清澄であること。	清澄で、香味良好であること。	清澄で、舌触りよく、香味良好であること。
色	特有の色であること。	同左	黄20以下、赤2.0以下であること。(ロビボンド法133.4mmセル)
水分及びきょう雑物	0.20%以下であること。	0.10%以下であること。	同左
比重(25℃/25℃)	0.907～0.919であること。	同左	同左
屈折率(25℃)	1.469～1.474であること。	同左	同左
冷却試験	―	―	5時間30分清澄であること。
酸　価	2.0以下であること。	0.20以下であること。	0.15以下であること。
けん化価	169～193であること。	同左	同左
よう素価	94～126であること。	同左	同左
不けん化物	1.5%以下であること。	同左	同左
原材料	なたね油以外のものを使用していないこと。		
添加物	次に掲げるもの以外のものを使用していないこと。 1　酸化防止剤 d-γ-トコフェロール、d-δ-トコフェロール及びミックストコフェロール（いずれも内容量が4kg以上の製品に使用する場合に限る。） 2　消泡剤 シリコーン樹脂 (内容量が4kg以上の製品に使用する場合に限る。) 3　強化剤 d-α-トコフェロール及びミックストコフェロール		
内容量	表示重量に適合していること。		

図表4－6　マヨネーズ・ドレッシングの油脂含有率（JAS規格）

マヨネーズ	65%以上
サラダクリーミードレッシング	10%以上50%未満
半固体状ドレッシング（マヨネーズおよびサラダクリーミードレッシング以外）	10%以上
乳化液状ドレッシング	10%以上
分離液状ドレッシング	10%以上

についてもＪＡＳ規格があり、食用油の含有量が図表４－６のとおり定められている。

② **精製油（白絞油）**

なたねの精製油は天ぷら、フライ等の揚げ物で、高い温度に加熱して使用されるため、低温下での状態は用途適性としては関係がないといえるが、最近の精製油は精製度が高く、品質も向上していることから、低温状態でもサラダ油に近い品質をもつものが多い。油は揚げ物をする際、長時間、何度も使うと劣化が進み、カニ泡といわれる泡立ちや発煙、着色、粘りがでてくるなどの現象が起こる。これらは揚げ物の風味、保存性、揚げあがりの状態に影響を及ぼすため加熱安定性が求められる。

パーム油は固体の油脂であり日本では主としてマーガリン、ショートニングなどの食用加工油脂製品に使われているが加熱安定性、酸化安定性にも優れるため、業務用や加工用で揚げ物用としても使われている。

③ **半精製油（軽度精製油）**

食用なたね油には、なたねを焙煎した後圧搾して得た粗油を加熱、水和脱ガムのみ施した油で「赤水」と称される半精製油のグレードの油がある。この油は油揚げなどの揚げ油や炒め油として利用され、ＪＡＳでは「なたね油」に分類される。また、ごま油やオリーブ油などは、特有の風味を生かすために、ろ過程度の軽度精製とする場合が多い。

第5章

植物油脂の連産物、副産物

1 ミール

(1) ミールとは

大豆やなたねなどの油脂原料から油脂部分を採取した残りの部分がミール（脱脂粕、油粕、oil meal）である。成分はたん白質、炭水化物、繊維、ミネラル分などからなり、食品原材料や家畜飼料などの貴重なたん白質源、炭水化物源となっている。なたねについては、肥料用としても活用されている。ミールのなかには大豆たん白原料のように食品用の目的をもって製造されることもあり、その価値は油脂と遜色のないものといえる。

最近の採油工程は、原料油分の量に合わせてより効率的な採油方法が採用されており、溶剤による抽出法と圧搾と抽出を組み合わせた圧抽法が代表的なものとなっているため、ミールの油分は数％以下と低いものが一般的である。また、ゴマやオリーブといった油脂製品の特徴を引き出す商品設計により採油方法が選択されているものもある。代表的ミール類の一般的組成を図表5―1に示す。

(2) ミールの種類

ミールの種類は、原料別と用途別の分類がある。原料別では大豆を中心になたね、ごま、あまに、綿実等が代表的なものである。用途面でみると、とくに大豆は機能性を活用した食品用途が高度に発展を遂げた一方、わが国においては大豆ミールの醸造用用途やなたねミールの肥料用途等特徴的な用途を背景に長年活用されている。

主なミールの生産・輸入数量と用途につい

図表５－１　飼料用ミール類の一般組成

種　類	水　分（%）	粗たん白質（%）	粗脂肪（%）	可用性窒素物（%）	粗繊維（%）	粗灰分（%）
大豆ミール	11.8	45.0	1.9	29.5	5.3	6.4
なたねミール	11.8	37.3	2.9	31.9	9.4	6.6
綿実ミール	11.5	35.4	0.8	32.8	13.8	5.7
ごまミール（圧搾）	6.1	46.4	10.9	16.8	8.4	11.4
あまにミール	11.6	36.0	2.5	36.7	7.8	5.4
サフラワーミール	8.5	20.7	1.0	30.3	34.7	4.8
やしミール	12.9	21.0	0.5	51.5	9.0	5.5
パーム核ミール	11.5	15.7	1.1	56.4	11.5	3.8

資料：（独）農業・食品産業技術総合研究機構編『日本標準飼料成分表』（2009 年版）

図表５－２　主要ミールの国内生産・輸入実績（2021 年）

（千ｔ）

大豆ミール	供　給	生産量	1,818
		輸入量	1,731
		計	3,548
	需　要	飼料用	3,060
		その他用途	564
		計	3,624
なたねミール	供　給	生産量	1,326
		輸入量	4
		計	1,330
	需　要	飼料用	1,152
		肥料用	170
		計	1,321
配合飼料生産量			24,176
大豆ミール配合率（%）			12.7
なたねミール配合率（%）			4.8

資料：農林水産省「油糧生産実績」「配合・混合飼料の生産・出荷・在庫状況」、財務省「貿易統計」

て、図表5—2にまとめている。代表的なミールである大豆となたねについては以下の通りである。

① 大豆ミール（脱脂大豆）

大豆は抽出法により採油され、用いられた丸大豆の約77％がミールとなる。大豆ミールは粗たん白質が約45％を占め、植物たん白質中では含硫アミノ酸が少ないもののもっとも栄養的に優れている。

大豆ミールはたん白質の変性度により高変性、中変性、低変性大豆ミールに分けられる。飼料用は飼料効率を高めるため、蒸気加熱などにより高変性としたものが用いられる。味噌・醤油などは中変性のもの、分離大豆たん白を製造する場合は低変性の大豆ミールが用いられる。

② なたねミール

長年にわたり、なたねは国内では大豆と並ぶ採油原料である。2011（平成23）年に大豆を抜いて国内最大の採油原料となったが、17年以降は大豆が最大となっている。なたねから圧抽法により採油することでなたねミールが得られる。

かつてなたねに含まれる特定の脂肪酸（エルカ酸）と硫黄化合物（グルコシノレート）が栄養的に問題とされていたが、カナダでダブルロー（低エルカ酸・低グルコシノレート）への品種改良が進みなたねミールの飼料用用途が拡大し、急速に採油原料として使用量が増大した経緯がある。

この他綿実ミール、ごまミール、あまにミール、サフラワーミールなどがあり、飼料や肥料として利用されている。

(3) ミールの用途

2021（令和3）年に大豆・なたねミールは国内で年間約314万t生産され、これに輸入分約114万tを加えた約488万tが1年間に使用されている。その用途は元来肥料用であり、明治時代から昭和初期までは日本の農業発展に大きな役割を果たしていた。戦後、魚類から肉類主体への食文化の変化にともない、ミールは家畜、家鶏用の配合飼料の原料として大半が利用されるにいたっている。

食用としては味噌・醤油用へ利用されてきたほか、低変性の大豆たん白を主体とする用途への展開が進み、多くの食品分野で機能改質と健康を補助する食品として利用されている。

① 飼　料

ミールは乳牛用、肉牛用、家鶏用、豚用、養魚用などの配合飼料として用いられ、使用量は年間約417万tに達する最大の用途分野である。ミールは一般にたん白質含有量が高く、消化率も80～90％と優れている。そのなかで大豆ミールは年間約182万t生産され、輸入ミールも含めて配合飼料用303万t、単味飼料およびその他で56万tと飼料用ミールとしてはもっとも多く使用される。

大豆ミールの主な飼料用規格は水分13％以下、粗たん白質44・0％以上。なたねミールは飼料用および肥料用として用いられており、年間約114万t使用される。この他に米ぬかミールなどもあるが、この二大ミールで飼料用の約90％を占める。

② 肥　料

わが国の農業では、明治時代から昭和初期にかけて大豆や大豆ミールが肥料用として多量に満州から輸入され、農業の発展に寄与していた。現在でも、代表的なものとしてなたねミールが肥料用として年間約17万t利用されている。肥料用用途の場合は、窒素・リン酸・カリについて図表5－3のような成分規制がある。

③ 食品関係

食品用に利用されるミールは古来、その種子が食べられてきた脱脂大豆が主であり、用途はなじみ深い醤油、味噌、豆腐などである。この他、大豆たん

図表５－３　肥料用ミールの成分規格

種　類	窒　素（%）	りん酸（%）	カ　リ（%）
大豆ミール	6.0	1.0	1.0
なたねミール	4.5	2.0	1.0
綿実ミール	5.0	1.0	1.0
やしミール	3.0	1.0	1.0
ごまミール	6.0	1.0	1.0
あまにミール	4.5	1.0	1.0

資料：農林水産省告示第1985号「肥料取締法に基づき普通肥料の公定規格を定める等の件」（平成24年8月8日）

白質を高純度で取り出し、各種用途へ利用する方法が開拓されているが、この点は次節で述べる。

醤油用原料には元来、丸大豆が使用されていたが、近年では脱脂大豆が使用されてきた。直近では、再び丸大豆を原料とした商品も多い。醤油の品質は醤油中の窒素含有量で評価されるため、脱脂大豆のたん白質量は多い方が良い。

味噌醸造原料は通常丸大豆が使用されているが、一部で脱脂大豆も使われる。

2　大豆たん白

脱脂大豆中に豊富に含まれる良質な大豆のたん白質を食品の素材として加工したものが大豆たん白である。近年では栄養生理機能の応用（健康食品・介護食品）、発酵用途での栄養源としての利用に加え、プラントベース食品の動物原料代替としての利用も盛んになっている。植物性たん白の原料は脱脂大豆と小麦グルテンで、それぞれを原料から２０２１（令和３）年には年間約４万５千t、約６千tの合計約５万tの植物性たん白が生産されている。なお、輸入は大豆系２万４千t、小麦系２万２千t、合計４万６千tあり、植物性たん白の総供給量は９万６千tであった。[1,2]

(1) 大豆たん白の種類と製法

大豆たん白はその形態により粉末状、粒状、繊維状の３つに大別される。これらの製造方法を図表５－４に示す。

① 粉末状大豆たん白

粉末状大豆たん白は溶液またはスラリー状の大豆たん白を噴霧乾燥または気流乾燥して得られる。これらは除去する成分により、図表５－５[3,4]のように分類される。

分離大豆たん白はたん白成分のみを取り出したもので大豆たん白の機能、風味の両面でもっとも優れている。濃縮大豆たん白は繊維質が残るため、機能面で前者に比べてやや機能が劣る。抽出大豆たん白はＮＳＩ（水溶性窒素指数）が高く、大豆中の可溶性糖類を含むため、豆乳に近い風味があり、風味付与の目的で利用されるケースが多い。

② 粒状大豆たん白

粒状大豆たん白は脱脂加工大豆、濃縮大豆たん白、分離大豆たん白を単独または組み合わせ、さらにでん粉類を配合したものをエクストルーダーにより組織化加工することで得られる。エクストルーダーは当初一軸型のみであったが、近年では二軸型エクストルーダーが一般的で、組織加工の幅が広がり、一口大の大きさの製品まで生産が可能。

③ 繊維状大豆たん白

繊維状大豆たん白は分離大豆たん白をアルカリ溶

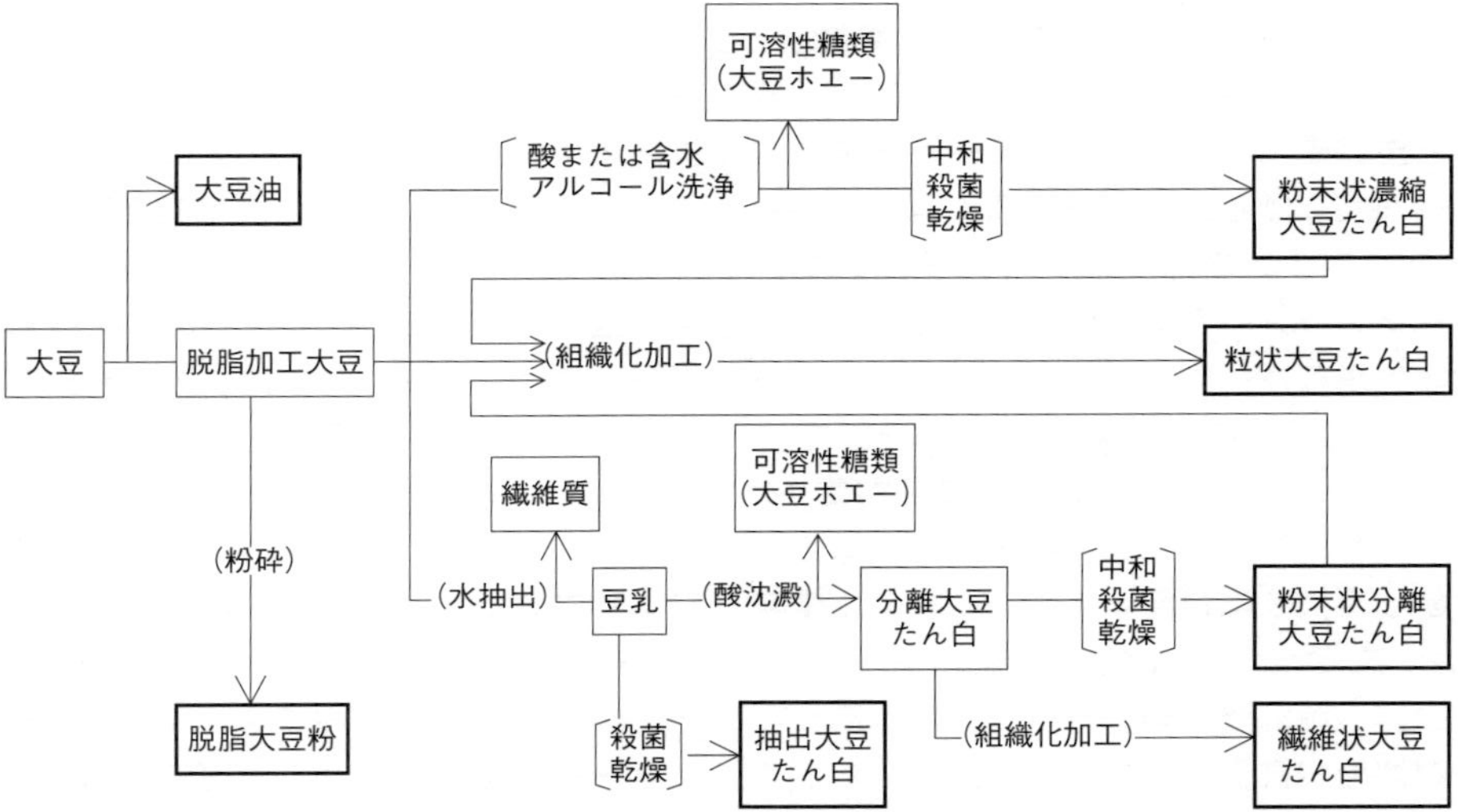

図表5－4　大豆たん白の製造法

図表5－5　粉末状大豆たん白の種類と成分

種類	画分				
	大豆油	繊維質	可溶性糖類	たん白質	たん白含量
大豆	○	○	○	○	37.4%
脱脂大豆粉	×	○	○	○	51.5%
抽出大豆たん白	×	×	○	○	60%
濃縮大豆たん白	×	○	×	○	70～90%
分離大豆たん白	×	×	×	○	90%以上

たん白含量：TN × 5.71 または 6.25（乾物換算値）
○：分離除去されていない画分、×：実質的に分離除去されている画分

液とし、酸性の凝固液の中に押し出して紡糸するスパンファイバー法であった。この方法はリジン成分の減少や排水問題があり、現在では分離大豆たん白溶液を微酸性とし、加圧加熱下で細いノズルから高速で噴出させて繊維状とする方法で製造される。

(2) 大豆たん白の用途

大豆たん白は3種類の形状の違いとそれぞれがもつ物理機能を活かした用途開発が行われている。図表5－6[3)]に大豆たん白の用途と物理機能をまとめた。

① 粉末状分離大豆たん白

粉末状大豆たん白の種類は図表5－5のとおりであるが、機能的に優れた分離大豆たん白が主に用いられる。粉末状分離大豆たん白は結着性、乳化性、粘弾性に優れ、ハム、ソーセージなどの食肉加工やハンバーグ、シューマイなどの冷凍食品や惣菜として、また、ちくわ、揚げかまぼこなどの水産練り

図表５－６　粉末状大豆たん白の種類と成分

種　類	用途例	利用機能
粉末状分離大豆たん白	ロースハム	結着性、保水性
	プレスハム	結着性、粘弾性、保水性
	ソーセージ	乳化性、結着性、粘弾性
	かまぼこ、ちくわ	粘弾性、保水性
	揚げかまぼこ	粘弾性、結着性、保水性
	魚肉ソーセージ	乳化性、結着性、
	ハンバーグ	結着性、保油性
	フライ用ころも	結着性、保水性、粘性
	ドレッシング	乳化性
	冷菓	乳化性、保形性
	健康補助食品	栄養、体調調節
	ギョウザ、シューマイ	結着性、保水性
粒状大豆たん白	ハンバーグ、メンチかつ	保水性、保油性、噛み応え
	ギョウザ、シューマイ	保水性、保油性、噛み応え
	ミートソース、コロッケ	噛み応え
	ふりかけ	噛み応え
	佃煮	噛み応え
	中華精進料理	噛み応え、保油性
	カレー、シチュー	噛み応え
繊維状大豆たん白	ドライミート	噛み応え、復元性
	ドライソーセージ	保油性、乾燥性
	ジャーキー	繊維性、乾燥性、噛み応え
	ハンバーグ	保水性、保油性、噛み応え
	ミートソース	噛み応え
	コンビーフスタイル	繊維性
	でんぶ	繊維性

製品の分野で機能改質を目的に利用されている。さらには冷菓やパンのフィリング、ソフトキャラメルなどの製菓市場では乳化性、保油性が活用されている。栄養や体調調節の機能ではたん白補給食品が健康補助食品として定着している。育児粉乳にはミルクアレルギーの乳児用にビタミン・ミネラルなどを補強した製品として米国で多く流通している。

粉末大豆たん白の使用方法は粉体使用、水和使用（溶液法、ペースト／カード法、エマルジョンカード法）、トーフカード法、起泡化使用法などが用いられる。

② 粒状大豆たん白

粒状大豆たん白は挽肉状に組織加工されており、ミンチ肉を使用するハンバーグ、ギョーザ、ミートボール、肉まんなどへ保水性、肉粒感、噛み応え機能を活かして利用されている。また、二軸エクストルーダーを利用して、チキンナゲット風食感をもつ商品も販売されている。粒状品は2~3倍加水して使用し、ハンバーグなどのように生地水分や加熱ドリップが多い食品は乾燥品をそのまま使用する。近年のプラントベースフードの代表格である代替肉の主要原料として、国内外問わず研究が活発である。

③ 繊維状大豆たん白

繊維状大豆たん白は繊維特性ならびに保水性、保油性、乾燥促進性や湯戻し復元性などの機能を活かして、サラミソーセージ、インスタント麺用具材(ドライミート)などに利用される。使用方法は冷凍品のため、解凍してそのまま使用される。

これら3つの形体の大豆たん白にはそれぞれ日本農林規格が定められており、一般食品においても、そのJASの規定の範囲で使用が行われている。

④ エマルジョン食品

粉末状大豆たん白に水と油を加えて混練りすると乳化物ができる。この3成分の比率を変えることでペースト状から溶液までさまざまな物性が得られ、これらをフライにしたり、蒸したりすることで、豆腐様や油揚げ様の食品ができる。これらの食品は従来からある大豆利用食品と見かけは同じであるが、冷凍しても高野豆腐とならない豆腐や乾燥後湯もどしできる油揚げなど特徴ある食品ができる。これらの食品群を原料物性から「エマルジョン食品」と位置づけている[5)]。

この組み合わせを基礎に具材へ変化をもたせた新がんもどきや新厚揚げ、さらには冷凍豆腐を利用した豆腐サラダなど古来ある大豆利用食品の分野を現代の食文化に適合させる広がりができつつある。とくに、高齢化に向かうわが国では、そしゃく力が低下しても十分なたん白質が確保されるこれらの新食材の開拓は意義あるものであり、さらなる研究が進んでいる。

(3) 大豆たん白の栄養

分離大豆たん白は現在設定されている必須アミノ酸の要求パターンからはケミカルスコアが100の良質なたん白となっており、2歳以上の人間であれば、分離大豆たん白だけでもたん白栄養は不足しないというバランスの良いものである。

大豆たん白の体調調節機能としては降コレステロール、高血圧防止、中性脂肪の低下、カルシウム吸収促進などの効果があるとされる。これら生理機能に関する研究は数多く行われており山本の総説[6]にまとめられているので、そちらを参照願いたい。

3 副産物

以下に油脂中の成分で油脂の製造にともなって得られる有用副産物について概説する。

(1) レシチン（大豆レシチン）

① レシチンの構造

脱ガム工程では粗油に含まれるリン脂質成分を水和・析出させて分離・除去する。このとき発生する〝リン脂質を主とする成分〟は「レシチン」と呼ばれている（「レシチン」は学術用語としてはホスファチジルコリンを指す名称であるが、商業的・工業的には〝リン脂質混合物の総称〟として使われている）。構造はトリグリセリドと同じグリセリン骨格に脂肪酸がエステル結合したもので、そのうちの一つがリン酸に置き換わり、リン酸基に結合する分子種の違いにより多様な種類が存在する（図表５―７）。

粗油にリン脂質を多く含むものとしては大豆油の他になたね油、コーン油、ひまわり油等があるが、工業的には大豆レシチンがもっとも一般的に利用されている。大豆油の粗油にはリン脂質が約２％程度含まれている。

② レシチンの種類

大豆レシチンは粗油（圧搾油、抽出油）に水を添加して、析出した水和物（ガム質）を遠心分離で取り出し、乾燥によって水分を除去する。こうして作られたレシチンはクルード（粗製）レシチンと呼ばれ、通常リン脂質分は65％程度で、他に大豆粗油由来の油脂分等を含んでいる[7]。色は暗褐色で粘稠と特有の臭いをもつ。量的な需要としてはクルードレシチンが大部分を占めるが、この他、各種処理によって新たな機能を付与されたレシチンも開発され、用途に合わせて利用されている（図表５―８）。

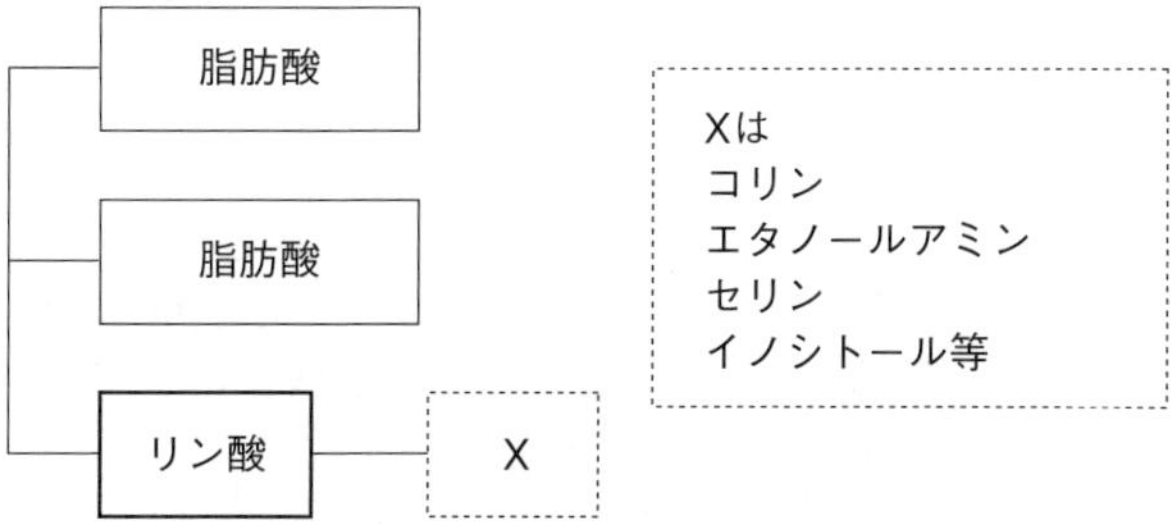

図表５－７　リン脂質の構造

図表５－８　主なレシチンの種類

分　類	内　容
クルード（粗製）レシチン	脱ガム工程で得られるガム質の水分を除去して得られたもので褐色のペースト。リン脂質含量は６割強程度。
精製（脱脂）レシチン	クルードレシチンの油分・微量成分を除いた高純度品で、粉末状、顆粒状のものがある。
酵素処理レシチン	レシチンを酵素処理したもの。ホスフォリパーゼ A_2 によって親水性を高めたリゾレシチン等がある。
分別・分画レシチン	溶剤およびその他分別・分画技術によって個々のリン脂質濃度を高め、あるいは単離したもので、主に化粧品、医薬品向け。
化学的に処理されたレシチン	アセチル化（乳化特性の改善）、水素添加（酸化安定性の向上）、ヒドロキシル化等があり、いずれも化粧品、医薬品向け（※食品には使用できない）。

資料：小山ら『油脂』50（5）、50（1997）

③ レシチンの利用

利用分野としては食品用途が多く、とくに界面活性作用（乳化作用）を利用したものが中心となっている。いわゆる乳化剤として、マーガリン、ファットスプレッド、クリーム類のほか、チョコレート（粘度低下剤・ブルーミング防止剤）、粉末食品（湿潤剤・分散剤・安定剤）、パン・焼き菓子等（でん粉への作用を利用してのショートネスの向上、でん粉の糊化温度・粘度の調整、老化防止効果等物理的性質の改善）に使われている。

リン脂質は、それ自身は酸化防止作用をもたないが、油脂中で酸化促進物質とキレートを生成したり、トコフェロールの酸化分解を抑制したりする等他の酸化防止剤との相乗作用を示すため、安定性が要求されるコーティング用の油脂等に酸化防止を目的として使用されている。この他、油脂に添加した際のアンチスパッターリング機能（ハネ防止）、剥離機能も利用されている。

また、リン脂質は細胞あるいはリポたん白の構成要素であり、生理作用に必須の成分であることから栄養補助食品としても根強い需要がある。

食品以外にも種々の用途がある。[8)]

(2) トコフェロール

トコフェロールは植物油の精製時、脱臭工程で発生する脱臭留出物から分子蒸留、イオン交換樹脂等で分画・濃縮して得られる。これらのトコフェロールの国内の生産量は４５０ｔ前後と推定される（トコフェロールを60％程度含むミックスとして７５０ｔ前後）。

トコフェロールの作用は大きく分けて、ビタミンＥ活性と、油脂に対する酸化防止効果の２つがある。トコフェロールには主にα、β、γ、δの４種類の同族体があるが、そのなかで生体に対する作用（ビタミンＥ活性）はα－トコフェロールがもっとも強く、逆に、油脂に対する酸化防止作用はγ－トコフェロールが強い。このことから、α－トコフェロール含量が多いものは、栄養補助食品や医薬品に使われ、γ、δ－トコフェロール含量の多いものは食品添加物として使われている（図表５－９）。

(3) 植物ステロール

植物ステロールは、脱臭留出物からトコフェロール原料を得る工程で除去されたステロール画分から、あるいは溶剤抽出物をイオン交換樹脂で分画・濃縮して得られる。植物ステロールにはいくつかの種類があるが、原油の種類（油種）によって得られるステロール組成が大きく異なる。高純度に精製したものは化粧品原料やステロイド系医薬品の原料として利用されるが、安価なコレステロールと競合しており利用は拡大していない。

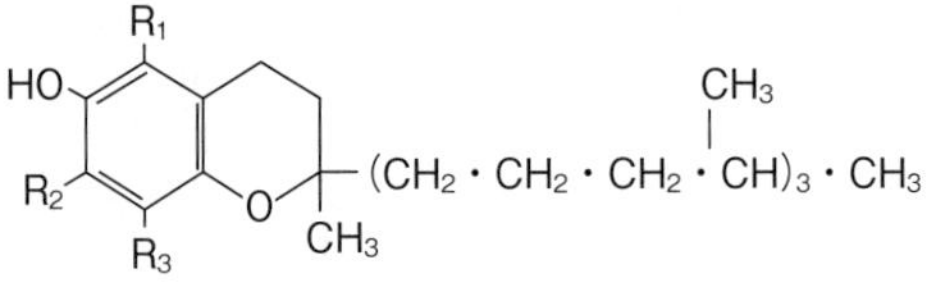

	R_1	R_2	R_3
α－トコフェロール	CH_3	CH_3	CH_3
β－トコフェロール	CH_3	H	CH_3
γ－トコフェロール	H	CH_3	CH_3
δ－トコフェロール	H	H	CH_3

図表５－９
トコフェノールの構造

一方、近年の健康志向の高まりで植物ステロールの機能性食品素材としての利用が盛んに行われている。植物ステロールは食事の際コレステロールの吸収を抑制する機能を有している。これら植物ステロールをそのまま、あるいはさらに植物ステロールエステルとして油脂に添加し、健康機能油として、あるいは機能性マーガリンとして販売されている。ちなみに、油脂によってはもともと植物性ステロールを多く含むものもあり、その特長をうたった商品として販売されている例もある（図表5—10）。なお、これらの一部は「体内コレステロールを低減させる機能を有する」として特定保健用食品として認可されている。

(4) ビタミンK_1

ビタミンKは血液凝固に関与するビタミンとして見出されたもので、正常な大人では腸内細菌が産生したものを摂取している。新生児・乳幼児ではビタミンK欠乏症（血液凝固不良）もみられるため、育児用ミルクにはビタミンKが強化されている。天然にはビタミンK1とK2が存在するが、大豆油の脱臭留出物にはビタミンK1が数百ppm程度含まれている。脱臭留出物からビタミンK1を採りだす方法としては、溶剤抽出物し活性炭で吸着させる方法や、中性脂肪、脂肪酸、ステロール類等を取り除いたものを分子蒸留にかけ濃縮する方法がある。

(5) カロテノイド（カロチノイド）

パーム原油にはカロテノイドが500～700ppm含まれている。これらを分画・精製したものが天然カロテン（カロチン）として利用されている。パーム油から取れるカロテノイドはビタミンA活性のもっとも強いβ-カロテンが主成分（50%以上）で、α、γカロテンのほかに少量のリコペン（リコピン）、キサントフィルも含まれている。

カロテノイド混合物はガン、心疾患、黄斑変性の栄養学的予防には有用であるとの報告もあり、色素としての利用のほかに栄養強化としての機能が期待されている。

(6) ワックス（ろう分）

こめ油、とうもろこし油、サフラワー油の脱ろう工程（ウインタリング）ではろう分が除去されるが、このうち主にこめ油のろう分はライスワックス（米ぬかろう）と呼ばれ工業的に利用されている。

こめ油の場合、脱色前の脱ろう工程で得られた粗ろう（ろう分、軟ろう部、グリース部、中性脂肪を含む）と、脱色油のウインタリング工程で得られるろう分を原料として、そのまま精製あるいは水素添加した後に精製されたライスワックスが製造される。用途としては、キャンディー類への練り込み、

図表５－10　各種精製油のステロール量

（単位：%）

	大豆油（サラダ）	コーン油（サラダ）	綿実油（サラダ）	なたね油（サラダ）	ごま油（精製）	紅花油（サラダ）※	ひまわり油（サラダ）※	こめ油（サラダ）	落花生油（精製）	パーム油（精製）	オリーブ油（精製）
コレステロール	0.4	0.1	0.3	0.4	–	–	–	0.2	0.2	4.2	–
ブラシカステロール	0.3	–	0.5	9.3	–	0.3	0.5	0.2	–	0.9	–
カンペステロール	21.0	16.9	9.6	35.4	17.6	12.2	12.6	18.7	18.7	23.4	2.8
スチグマステロール	17.0	6.0	0.8	1.1	4.7	4.5	6.6	14.0	5.3	10.5	0.8
7-エルゴステロール	0.1	0.7	0.2	0.4	3.1	0.4	0.6	0.2	0.7	0.9	1.0
β-シトステロール	52.0	61.1	82.6	44.5	49.1	48.5	59.7	48.3	62.8	57.8	74.3
イソフコステロール	2.9	9.0	2.9	4.6	10.8	4.3	6.5	6.0	8.5	–	11.2
7-スチグマステロール	1.5	0.3	0.3	0.1	0.3	16.6	5.1	2.5	0.1	–	–
アベナステロール	0.9	0.6	0.2	0.1	0.8	2.6	4.1	2.8	0.8	–	0.2
その他	3.9	5.3	2.6	4.1	13.6	10.6	4.3	7.1	2.9	–	9.7
ステロール含有量（mg／100g油）	190	445	246	497	374	157	203	965	160	41	98

資料：横溝『油脂』Vol.50、No.10、p45（1997）（一部改変）
※ハイリノール

食品用離型剤、チューインガムベースの可塑剤、滑剤のほかに、菓子類・錠剤のコーティング剤（つや出し、離型剤、可塑剤）や種々の工業用用途がある。

なお、綿実油をウインタリングしたときに得られる高融点成分は２ないし３飽和トリグリセリドで、ろう分ではない。この固形脂は綿実ステアリンと呼ばれ、脱臭されてフライ油として、あるいはさらに硬化されて加工油脂原料として利用されている。

(7) 脂肪酸

脂肪酸はさまざまな油脂工業製品の原材料として使用されており[9]、油脂そのものから、あるいはフライ油として使用された廃食油を原料として工業的に製造される。したがって原料の大部分は油脂の副産物ではないが、前述のように油脂の製造工程で発生する副産物の一部は脂肪酸として利用される。

〔参考資料〕

1)（一社）日本植物蛋白食品協会（２０２１年）
2) 財務省「貿易統計」
3) 寺島正彦『日本家政学会誌』Vol.41,No.2 (p.157-163)（１９９０年）
4) 大豆たん白のたんぱく質表示に関するガイドライン（一社）日本植物蛋白食品協会（２０１９年３月）
5) 片山 努『油脂』Vol.44,No.7 (p.80-83)（１９９１年）
6) 山本孝史『油脂』Vol.44,No.8 (p.66-71)（１９９１年）
7) C.R.Scholfield "JAOCS" 58, 559（１９８１年）
8) 河原一郎『油脂』34 (6) (p.44)（１９８０年）
9) 黒崎富裕 他『油脂化学入門』産業図書出版
・『飼料原料ガイドブック 副原料編』飼料輸出入協議会（１９９７年）
・小野哲夫・太田静行共著『食用油脂製造技術』ビジネスセンター社（１９９１年）

第6章 油脂の化学

1 脂肪酸の化学変化について

食用油脂に含まれる脂肪酸は、第3章3で述べたように、アルキル基にカルボキシル基が結合したものである。アルキル基鎖に炭素－炭素の二重結合をもつものもある。したがって、化学反応を起こしやすい場所はアルキル基の二重結合部とカルボキシル基の2カ所である。

二重結合部は容易に酸素と結合して酸化反応が進む。生成した過酸化脂質（ハイドロパーオキサイド）は分解されて低分子のカルボニル化合物になったり、さらに酸化が進むと酸素原子を介して架橋が形成され重合物となったりする。酸化によって生成するさまざまな物質は油や油脂食品の劣化の主因である。アルデヒド、ケトンといったカルボニル化合物は不快な臭い、重合物は粘度上昇という形で油や油脂食品の品質を低下させる。酸化反応は自動的、連鎖的に起こるため、油や油脂食品の品質を維持するにはたいへんやっかいな変化である。劣化した油の健康面への影響についても議論が多い。

一方、脂肪酸の化学反応には二重結合への水素添加反応やカルボキシル基の還元等、反応性が油脂の加工に積極的に応用されている面もある。食品分野では敬遠される酸化反応でさえ、人々は経験と知恵で利用してきた。酸化重合しやすいα－リノレン酸を多く含むあまに油を塗料、印刷インキや油紙に利用しているのは、酸化重合反応の積極利用の例である。

油脂の化学変化に関する応用場面での具体的内容については第8章、第11章で詳しく紹介されるので、本章では基本的な反応機構等について説明する。

2 脂肪酸鎖の化学

(1) 脂肪酸の酸化

① 油脂の自動酸化

食用油脂や油脂加工食品を空気中に放置しておくと、二重結合の隣のメチレン基（-CH_2-）から水素が引き抜かれてフリーラジカルという中間体が発生する。これを自動酸化の開始という（図表6―1の①式）。

生成したフリーラジカルは、次に分子状酸素と結合して反応性に富むパーオキサイドラジカルとなる（同図②式）。

パーオキサイドラジカルは他の油のアルキル基に反応して水素を奪って新しいラジカルが生じ、自らはハイドロパーオキサイドになる。これを自動酸化の進行という（同図③式）。

新しく生成したフリーラジカルはさらに他のアルキル基に作用して、連鎖的に同様の反応が起こる。このように一連の反応が自己触媒的に進むので自動酸化と呼ばれる。

一方、ハイドロパーオキサイドは分解して2つのラジカルを作り、これらも前述のような反応を起こす（同図④式）。

自動酸化の反応は加速度的に進行するが、ハイドロパーオキサイドが蓄積されると、フリーラジカルは攻撃目標を失い、ついにはラジカル同士が結合して安定な重合物となり連鎖反応は停止する（同図⑤式）。

以上、油脂の自動酸化は二重結合と酸素を介した反応であるが、脂肪酸の種類により反応性に違いがある。とくにリノール酸、リノレン酸のように2個の二重結合の間にメチレン基のあるものに、すみや

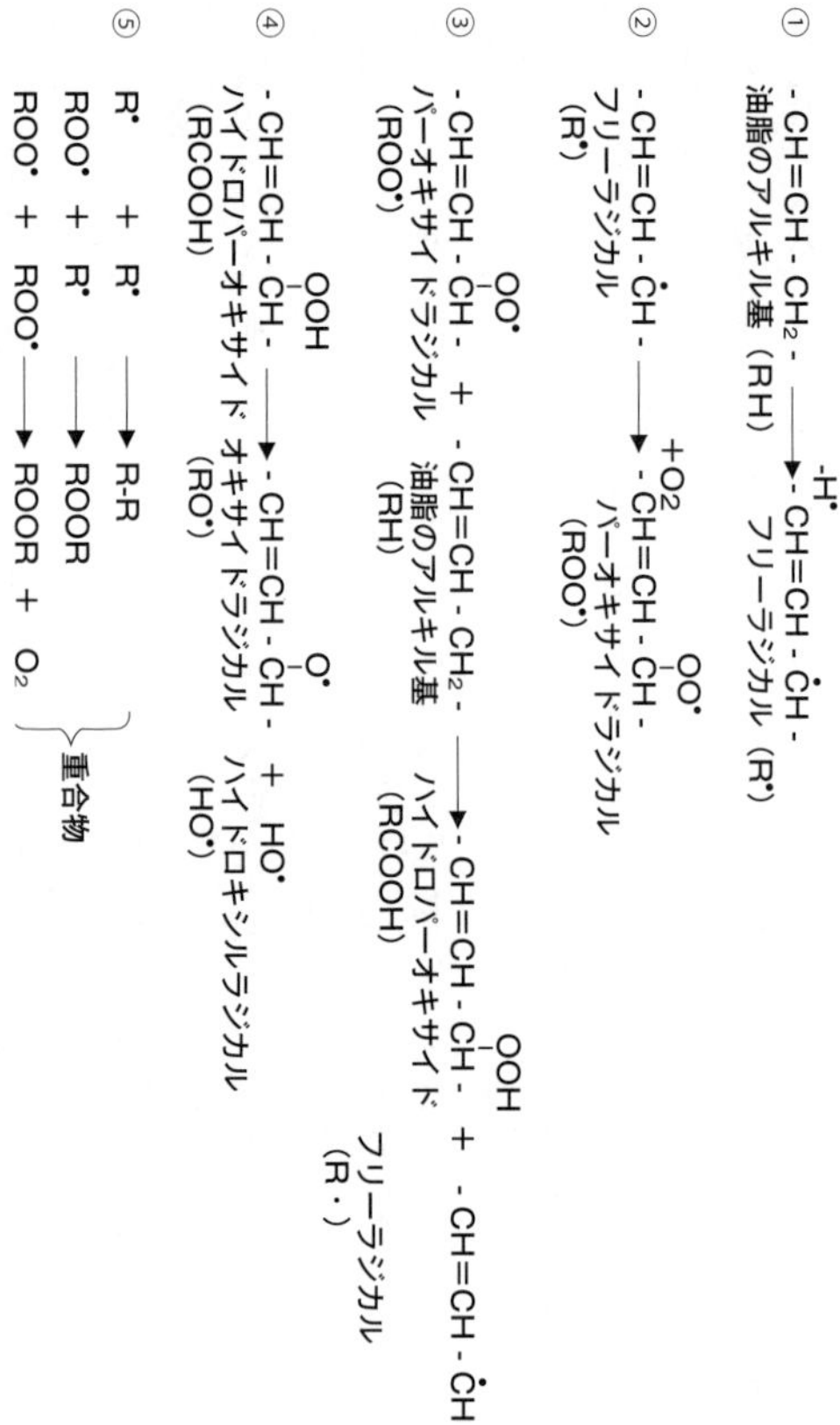

図表6－1 脂肪酸の自動酸化

図表6－2 脂肪酸の酸化速度

脂肪酸	酸化誘導時間（hr）	相対酸化速度
ステアリン酸	—	1
オレイン酸	82	100
リノール酸	19	1200
リノレン酸	1.34	2500

資料：Belitz and Grosch（1982）

かに起こる。BelitzとGroschによるとリノール酸、リノレン酸の酸化速度はオレイン酸に対しそれぞれ12倍、25倍と報告されている（図表6―2）。

したがって、リノレン酸含量の多いえごま油やEPA、DHA等の多い魚油を扱う場合は、酸化に対する配慮を十分に行う必要がある。

② 酸化促進因子

酸化を促進する因子ならびに酸化防止については第10章で述べるが、酸化促進因子には次のものがあげられる。

・**酸素**……空気中の酸素はもちろんのこと、油脂に溶存する酸素は自動酸化に必須の直接原因物質である。

・**光**……自動酸化の反応速度は明所で保管すると大きくなる。

・**温度**……自動酸化の反応速度は温度が高いほど大きい。

・**微量金属**……油脂の接触部分や油脂中に微量金属が存在する場合、触媒として働き酸化反応を促進する。

・**酵素**……酸化酵素のなかには脂肪酸を基質とするものがある。大豆中に含まれているリポキシゲナーゼが代表的でよく知られている。

(2) 脂肪酸の重合

乾性油を空気中で長時間加熱をしていると、しだいに油の粘度が増し、それとともにヨウ素価が低下する。また、比重や平均分子量も大きくなってくることから、脂肪酸中の二重結合部と他の脂肪酸のある部分が結合して、分子が大きくなったことが推測できる。このような変化を重合と呼んでいる。重合については、ほとんどのものが加熱によって起こる熱重合で発生している。

重合のプロセスとしては、加熱により脂肪酸内の二重結合が移動して共役結合となった後、他の脂肪酸とつながり橋渡し結合が発生しているとされている。その橋渡し結合は同一分子内での場合と別のトリグリセリドとの間で発生する場合が考えられる。

この重合は、通常の家庭でのフライ時にも発生するが、家庭では加熱温度200℃程度以下で短時間であるから、重合の進み方は比較的ゆるやかである。しかし、数回同じ油で揚げ物を繰り返したりすると油の粘度が増すのがわかる。それとともに種物投入時の泡がなかなか消えなくなってくるのも、重合による粘度上昇が原因と考えられる。

さらに油脂の重合が進むと消化されにくくなり、また、人体に有害な環状化合物が作られるおそれもあるが、一般の加熱調理等でここまで劣化が進むことは考えられない。

(3) 脂肪酸の水素添加

油脂の加工、改質技術として重要な化学反応に水素添加がある。水素添加については「第11章 油脂の加工と利用」で詳説するが、文字どおり水素を付加する反応であり、脂肪酸の二重結合に還元ニッケル触媒等を用い水素を導入するものである（図表11—1参照）。

この反応により油脂中の二重結合が減少するため、酸化安定性の向上、融点の上昇、固体脂含量の増加が起きる。結果として油脂が硬化するので、水素添加油脂を硬化油ともいう。液体の植物油をショートニング、マーガリンの原料油として利用する場合は適度な固形脂を含むように硬化が行われる。さらに徹底的な水素添加を行い、油脂中のほぼすべての二重結合を飽和化した製品もあり、これを極度硬化油という。

水素添加では副反応として二重結合の位置が移動

したり、幾何異性が起こったりする。位置異性は触媒作用により水素元素が二重結合に一つ付加することで2種のラジカルが生成し、その結果、二重結合が元の位置から左右に一つ移動した位置異性体ができる。

位置異性体、幾何異性体とも反応条件により生成量が変わってくる。リノール酸より二重結合の多い多価不飽和脂肪酸の異性化は非常に複雑になる。トランス異性体についてはその摂取量が多い欧米で心疾患との関連性が話題となっており、それに関しても第11章を参照されたい。

3 カルボキシル基の化学

(1) 油脂の加水分解

油脂のトリグリセリド分子は、グリセリンと3つの脂肪酸がエステル結合をしたものである。このエステル結合を切り、分解して元のグリセリンと脂肪酸にもどす反応を加水分解という（第3章 図表3―1参照）。

油脂の加水分解は、動物の体内で油脂が消化、吸収されるときに起こる最初の反応であるとともに、脂肪酸、グリセリン、セッケンなどの製造のために工業的にもきわめて重要な反応である。

工業的な加水分解法としては、水の存在のもとに高温、高圧をかける方法、アルカリや分解剤を使用する方法など種々の方法がある。

(2) エステル化・再合成

エステル化とは、一般的にアルコールと脂肪酸が反応して脂肪酸エステルと水を生成する反応をいう。油脂での反応は先に述べた加水分解の逆の反応である。

これらの反応を利用して、油脂を構成するトリグリセリド分子内の3つの脂肪酸の組み合わせと配列を変えることができる。これをエステル交換と呼び、油脂の物理的性質の改良に広く用いられている。エステル交換の詳細については、第11章を参照されたい。

また、油脂とグリセリンを用いて製造する食用乳化剤としてのモノグリセリドやジグリセリドにおいても、このエステル交換の反応が利用されている。

(3) カルボキシル基の還元

カルボキシル基の還元は脂肪族高級アルコールを生産する目的で行われる。

$$RCOOH + 2H_2 \rightarrow RCH_2OH + H_2O$$

工業的にはエステルを原料とし、銅クロム系等の金属触媒を用い以下のように反応を行う。

$$RCOOR' + 2H_2 \rightarrow RCH_2OH + R'OH$$

この反応は高温（280～300℃）と高圧（100～300気圧）の水素を必要とするので高圧還元法と呼ばれる。不飽和アルコールの場合は二重結合に水素添加が起こりやすいので、保護作用のある金属を銅クロム触媒と併用する工夫をするか、金属ナトリウム還元法により比較的温和な条件で製造することもできる。

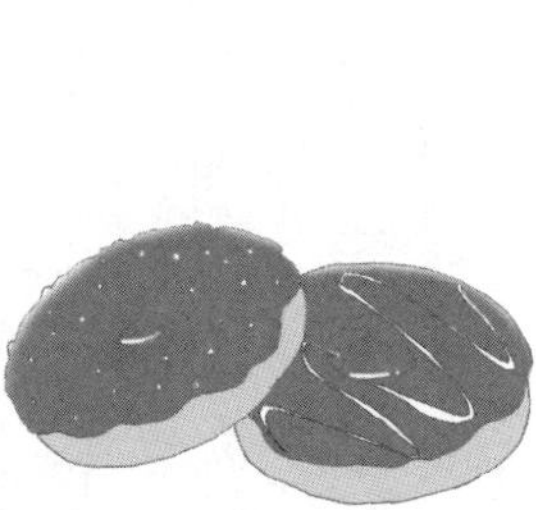

第7章 油の分析評価法

油脂の性状は原料の種類、各精製段階、保存状態や使用経歴等によって変化する。油脂の性状を分析することによって油脂原料の推定、製造工程の管理、製品の品質管理および揚げ油の管理等が可能になる。油脂の性状を評価するための分析方法には、主に官能的分析評価法、化学的分析評価法および物理的分析評価法がある（図表7―1）。

1 官能的分析評価法

官能検査と呼ばれる場合が多い。油脂の官能検査とは評価する油脂を専門パネラーが実際に口に含んで油脂の香り、味等の評価を行う分析方法である。官能検査に対するパネルの経験の有無、訓練の程度等は検査の結果に大きな影響をもつ。

油脂の風味は油種、精製度、保存期間における自動酸化の程度等によって変化する。官能検査の方法は、油脂を口に含んだ状態で、口から息を吸って鼻から息を出すときに油脂の香りを、舌の感じで味を評価する。口中での香り、味、舌触りなどを総合した評価の結果は点数（たとえば10点法）で表す。その他の特徴は、もどり臭、酸敗臭、枯草臭、ペンキ臭、香り、淡白、うま味がある等の言葉で表す。

2 化学的分析評価法

(1) 酸 価

試料1g中に含まれている遊離脂肪酸を中和するのに要する水酸化カリウムのmg数をいう。すなわち、油脂に含まれている遊離脂肪酸の量に比例した

図表７－１　油脂の分析評価法

分析項目	製造段階管理	製品段階の管理（JAS 規格）	使用時の管理（劣化の度合）	酸化安定性の良否	油脂の鑑別
官能試験		○	○[3]		
酸価	○	○	○		
けん化価		○			○
よう素価	○[1]	○		○	
ヒドロキシル価					
過酸化物価			○[3]		
カルボニル価			○		
TBA 法			○[3]		
不けん化物		○			
クロロフィル	○				
リン脂質	○				
セッケン	○				
金属	○				
色度	○	○	○		
融点	○[1]				
固体脂含量（SFC）	○[1]				
比重		○			
粘度		○	○		
屈折率	○[1]	○			○
発煙点		○	○		
引火点					
燃焼点					
曇り点	○[2]				
冷却試験		○			
水分		○			
AOM 試験		○		○	
CDM 試験		○		○	
水噴霧試験				○	
泡立ち			○	○	
脂肪酸組成				○	○
トリグリセリド組成				○	○

1）：水素添加工程で用いる。
2）：脱ロウ工程で用いる。
3）：油で揚げた保存食品で用いる。

値である。一般油脂の場合、酸価の2分の1がおおよその遊離脂肪酸量（%）に相当する。原料を保存する間、リパーゼ等の作用によって酸価が上昇したりするため、酸価は原料の良否、採油方法の適否等の判断に役立つ。

遊離脂肪酸は油脂製造工程の脱酸、脱臭工程でほとんど除去される。また、揚げ調理の過程で加水分解、熱分解等の化学反応によって遊離脂肪酸が油脂中に増加し、酸価は上昇していくため、酸価は揚げ油を管理する重要な指標の一つである。

(2) けん化価

油脂1g中に含まれるトリグリセリドや遊離脂肪酸などを完全にけん化するのに要する水酸化カリウムの㎎数をいう。一般にオレイン酸、リノール酸含量の多いなたね油、大豆油等のけん化価は約180～190、パルミチン酸含量の多いパーム油は約190～200、ラウリン酸を多く含むやし油、パーム核油はそれぞれ約250～260、230～250である。脂肪酸の平均分子量が大きい油脂ほどけん化価は小さくなる。

けん化価は脂肪酸の平均分子量を知る目安となる値で、油脂の鑑定によく使用されることがある。また、油脂中に不けん化物が多く含まれる場合、けん化価は低くなる。

(3) ヨウ素価

試料にハロゲンを作用させた場合に吸収されるハロゲンの量をヨウ素に換算し、試料100gに対するg数を表したもので、油脂を構成する脂肪酸の不飽和度を示す値である。油脂にハロゲンを作用させると、ハロゲンは脂肪酸の二重結合部分に結合する。

一般的に用いられているウィイス法は、過剰量の一塩化ヨウ素をハロゲンとして作用させ、過剰となった一塩化ヨウ素をヨウ化カリウムで滴定することで測定を行う。油脂の不飽和度が高ければ酸化安定性が悪くなるため、ヨウ素価は油脂の酸化安定性を判断する目安になる。

(4) ヒドロキシル価

1gの試料に含まれる遊離のヒドロキシル基をアセチル化するため、必要な酢酸を中和するのに要する水酸化カリウムのmg数をいう。一般の油脂には微量のジ、モノグリセライド以外にはヒドロキシル基をもっていないが、ひまし油にはヒドロキシル基をもつ脂肪酸であるリシノール酸が含まれている。ヒドロキシル価は155~177である。

ステロールや高級アルコールにはヒドロキシル基が含まれているが、油脂中に存在する量は非常に微量である。

(5) 過酸化物価

試料にヨウ化カリウムを加えた場合、過酸化脂質とヨウ化カリウムが反応し、ヨウ素が遊離される。そのヨウ素を試料1kgに対するミリ当量数で表したものを過酸化物価という。過酸化物価は油脂が自動酸化されることによって生成される一次生成物であるペルオキシドの量を表す値で、油脂の自動酸化の程度を知る指標の一つとしてよく用いられる。

食品衛生法によると、即席めんに含まれる油脂は酸価が3を超えるもの、または過酸化物価が30を超えるものであってはならないとされている。

(6) カルボニル価

油脂が酸化されて一次過酸化脂質が生成されることは先に述べたが、その過酸化脂質は二次酸化されて低分子量のアルデヒド、ケトン等のカルボニル化合物を生成し、油脂中に蓄積される。このカルボニル化合物に2、4－ジニトロフェニルヒドラジンを作用させた場合の440nmの吸光度を測定し、試料1g当たりに換算したものをカルボニル価という。過酸化物価と同様に油脂の酸化による劣化の程度を示す値である。

(7) TBA法（2－チオバルビツール酸法）

TBA法は油脂の酸化の程度を見る試験法で、油脂の二次酸化によって生成されるカルボニル化合物とTBAの反応物の吸光度を測定する方法である。この分析法は測定の条件や反応するカルボニル化合物の種類などによって吸光度が大きく違ってくることから、先に述べたカルボニル価試験よりも再現性が悪いとされている。

(8) 不けん化物

油脂をけん化した後、溶剤によって抽出した不けん化物の試料に対する百分率をいう。油脂の成分でアルカリによってけん化されず、水に不溶で有機溶剤に可溶な物質を不けん化物という。トコフェロール、ステロールや色素類などがこれに当たる。これらの不けん化物は油脂の精製工程で大部分除去されるから、この値は油脂精製度の良否を判断するのに有効である。不けん化物はとうもろこし油やこめ油の胚芽油に多く含まれる。

(9) クロロフィル

クロロフィルは緑色を呈する色素である。油脂中のクロロフィル含量はppmで表示され、分光光度計で630、670、710nmの吸光度を測定し、計算式から求められる。

クロロフィルはなたね油、大豆油やオリーブ油中にも存在し、光増感剤としての働きをもっており、クロロフィルに可視光が照射されると通常の自動酸化の１４５０倍もの速度で酸化される。オリーブ油にはさまざまな天然の抗酸化剤が含まれているため、クロロフィルの酸化促進剤的な働きは抑制される。また、大豆油には酸化を防止する働きをもつ色素であるカロテノイドが含まれている。しかし、どちらの色素も精製油ではほとんど除去されている。

⑽ リン脂質

リン脂質は細胞膜の構成成分である。そのため、植物種子や動物の脂肪組織から採取された油脂にはリン脂質が含まれている。リン脂質は油脂精製の脱ガム工程でほとんど除去される物質である。このリン脂質を主成分とするレシチンは天然の乳化剤として知られている。レシチンはカニ泡に似た泡立ちや急激な着色の原因となるため、レシチンを含む油脂はフライ油としては適当でない。

リン脂質含量を測定するにはいくつかの方法があるが、もっとも感度が良い比色法で行う場合が多い。油脂を加熱灰化させリン酸を固定、モリブデン酸アンモニウムを作用させ錯イオンを形成する。その錯イオンは還元剤によって還元され青色の化合物となる。青色化合物の６００nmでの吸光度を測定してリンの量を求め、リン脂質量とする。

⑾ セッケン

セッケン分の測定は、油脂からセッケン分を含水アセトンで抽出した後、塩酸標準液で滴定する方法で行われる。抽出あるいは圧搾で得られた粗油中に存在する遊離脂肪酸は、脱酸工程で油脂にアルカリを添加・混合して遊離脂肪酸をセッケンの形で遠心分離、水洗等で除去する。

精製油にセッケンが残存すると、油脂の加熱劣化が促進され、水素添加工程の妨げになる等が知られている。セッケン分を測定することで、精製工程の適否を管理できる。

⑿ 金属

油脂に金属が存在する原因としては、原料由来がもっとも大きい。金属は自動酸化を促進させる要因である。そのため、通常は脱臭工程で油温が約140℃に低下したときに、金属不活性剤であるクエン酸溶液を添加する。一般に、油脂に銅が約0・05ppm、鉄が約0・8ppm存在すると、油脂の保存期間を半減させるといわれている。基準油脂分析試験法には鉛、銅、カドミウム、ニッケル、マンガン、砒素、鉄の分析法が記載されている。

3 物理的分析評価法

⑴ 色（色度）

油脂の色度は油種、精製度、劣化度等によって異なる。油脂にはカロテン系の色素が含まれるため、赤や黄の混合色を示すことが多い。しかし、クロロフィルを多く含むオリーブ油などは、緑や青といった色合いを示す。

色度の測定法はロビボンド比色計による方法が一般的に使用されるが、これは赤、黄、青の3色の標準色ガラスの組み合わせで試料の色を表すものである。油脂は加熱することによって着色していくが、その場合、赤が強くなる。また、新油の段階で青が含まれていなかった油脂でも加熱することによって青が出てくることもある。

⑵ 融点

融点には上昇融点と透明融点がある。油脂を毛細血管に採取し、水中にて既定の方法にもとづき加熱した場合、軟化して毛細血管中を上昇し始める温度を上昇融点、また、完全に透明な液体となる温度を透明融点という。

天然油脂は単一の物質で構成されていないため、結晶固化の段階で結晶の多形現象が起きて測定値に若干のばらつきを生じることがある。また、測定法によって測定値は相当の差異があるので、測定法を明記する必要がある。

(3) SFC (Solid Fat Content)

固体脂含量ともいう。NMR法を用い、液体油を基準としたときの所定温度における固体脂肪含量の百分率で示され、油脂の口融けなどを知ることができる。以前は一定温度における油脂中の固化した部分が完全に融解して膨張した量を示した固体脂指数(SFI)が一般的に用いられていたが、操作が煩雑であった。NMR法を用いて測定する機器の普及とともに、SFCが主流となった。

(4) 比 重

油脂の純度試験、確認、粘度測定を行うのに必要な数値である。油脂の比重は脂肪酸組成によって変化する。同系列の脂肪酸においては分子量が増加するに従って比重は小さくなり、二重結合が増加するに従って大きくなる。また、ヒドロキシル基を含む脂肪酸が存在すると大きくなる。JAS規格によれば、一般的な植物油脂の比重は、25℃で0・91～0・92程度である。

(5) 粘 度

粘度(動粘度)は、一定量の液体が毛細管粘度計内を移動するのに要する時間を測定し、その値から算出する。油脂の粘度測定にはキャノンフェンスケ粘度計が使われることが多い。粘度は温度の影響を強く受け、温度が上昇するのに従って低下する値である。油脂を構成する脂肪酸の炭素数が少ない場合や不飽和度が高い場合にも低下がみられる。

また、油脂が加熱されると酸化重合、熱重合等が起こり、加熱前に比べて粘度が上昇する。粘度の上昇度合いにより、油脂の加熱劣化の程度を知ることができる。

(6) 屈折率

空気から試料中に入る光の入射角の正弦と屈折角の正弦の比のことをいう。屈折率は水分や夾雑物《きょうざつぶつ》の影響を受けるため、それらが含まれて試料が濁っている場合にはろ過した後、測定を行う。測定はアッべ屈折計あるいは同等以上の精度のある市販の屈折計を用いて行う。

屈折率は油脂を構成する脂肪酸に影響され、不飽和脂肪酸、長鎖脂肪酸が多く含まれるものほど屈折率は大きくなる。炭素数も二重結合数も同じ脂肪酸でも、共役二重結合をもつ脂肪酸が含まれる場合には屈折率は大きくなる。油脂の硬化反応において屈折率を測定することにより、水素添加の程度（二重結合の減り具合）を知ることができる。

(7) 発煙点

油脂を加熱した際に、油脂に含まれる揮発性成分が連続的に発煙し始める温度をいう。測定は予想される発煙点よりも40℃下までは急激に加熱し、そこからは毎分5～6℃の速度で加熱を行い、連続的な発煙を肉眼で観察する。

発煙の原因となる揮発性成分は、油脂の加熱分解により生成される。遊離脂肪酸や不けん化物、乳化剤などは発煙点を低下させる原因となる。一般に加熱劣化した油脂は発煙点が低くなるため、食用油の劣化を知る指標になる。

(8) 引火点

発煙点よりもさらに温度を上昇させ、試料の表面に火を近づけたとき引火するが連続して燃焼しない温度をいう。

(9) 燃焼点

加熱を続け、揮発性成分の発生がさらに増加し、試料表面に火を近づけた場合に5秒間試料が連続して燃焼した温度。

発煙点、引火点および燃焼点は脱ガム、脱酸等の精製工程を経るに従って徐々に高くなる。

(10) 曇り点

試料を規定の方法にもとづいてゆっくり冷却し、試料が曇り始める温度。主に、融点の測定が難しい低融点油脂に用いる。値は水分、結晶等の影響を受けやすいため、測定する前にあらかじめ脱水、加熱する。また、微量のろう分によって曇り点が高くなるので、こめ油、コーン油等ろう分を含む油脂のウイタリング工程の管理指針にもなる。

(11) 冷却試験

マヨネーズ、ドレッシング等は冷蔵庫で保存されることが多い。油脂部分が固化すると乳化が破壊されるので、使用油脂の低温での耐性を知る必要がある。

試験法は、油脂を約120℃で5分加熱した後、25℃に放冷する。次にこれを共栓付き容器に入れ、0℃の氷水に放置し、清澄であるか否かを調べる。日本農林規格でのサラダ油の規格は5・5時間以上である。

(12) 水　分

油脂中には一般に微量の水分が溶解している。測定法にはいくつかの方法があるが、カールフィッシャー法が広く用いられている。カールフィッシャー法は水分を含む油脂をカールフィッシャー試薬で滴定する方法であり、水分含量が0・2％以下の油脂を試料として用いられる。非常に精度の高い測定方法である。また、水分が0・2％を超える試料に関しては蒸留法を用いることが多い。

4 その他

(1) AOM試験

油脂の自動酸化に対する安定性の指標となる試験。試料を97・8±0・2℃の恒温に保ち、一定量(2.3mℓ/sec)の空気を通気させて試料の過酸化物価が100に達するまでの時間をいう。数値が大きい方が安定性は高い。

測定が自動化されていないため、最近ではあまり用いられない。

(2) CDM試験

標準的には試料を120℃±0・2℃に加熱しながら清浄空気を送り込み、酸化により生成した揮発性分解物を水中に捕集し、水の導電率が急激に変化する折曲点までの時間を測定する。

(3) 水噴霧試験

油脂はフライ油として用いることが多いが、フライに使用した場合の油脂の安定性を評価することは非常に困難である。本試験法は、油を500gステンレスビーカーに張り込み、180℃で加熱しながら油面へ1時間あたり60mℓの水を連続的に噴霧することで、フライ時に近い環境を作り、一定時間加熱後の油の酸価、カルボニル価等の変化から安定性を評価する方法である。

(4) 泡立ち

新油でフライを行った場合に出てくる泡は水蒸気の泡で、すぐに消える粘り気のない大きな泡である。しかし、フライを繰り返すうちに揚げ油の表面にカニ泡と呼ばれる持続性の泡が発生する。この泡は消えにくく、粘り気のある細かい泡である。水蒸気の泡はぶくぶくと非常に勢いよく発生するのに対して、カニ泡は静かにじわっと広がる。

カニ泡の発生は、フライ油中の重合物の蓄積によるもので、カニ泡の発生は油脂が劣化してきた証拠となる。発生する泡の高さ、面積あるいは消泡時間等を指標にし、油脂の劣化度合を調べる。

(5) 脂肪酸組成

脂肪酸の組成は油種によって異なり、油脂の性質を決定する要因の一つである。栄養学的な側面からみても油脂の脂肪酸組成の分析を行うことは非常に重要である。脂肪酸組成の分析は試料をメチルエステル化し、ガスクロマトグラフィー（GC）法を用いて行われる。メチルエステル化は基準油脂分析試験法に記載してある3フッ化ホウ素メタノール法が広く用いられている。この方法を用いた場合、炭素数6以上の脂肪酸の定量が可能である。

(6) トランス脂肪酸

一部の国や都市では、加工食品中の飽和脂肪酸やトランス脂肪酸について表示を義務づけたり、食品中のトランス脂肪酸濃度の上限値を設定したりしている。トランス脂肪酸は水素添加（硬化）により生成することが知られており、特有の風味を呈する。この他にも反すう動物の脂肪に含まれ、植物油脂の精製段階で少量生成することが知られている。基準油脂分析試験法ではキャピラリーガスクロマトグラフィー法を用い、ヘプタデカン酸を内部標準物質とした定量方法が採用されている。

(7) トリグリセリド（ＴＧ）組成

トリグリセリドは油脂の主成分で、それぞれの油脂には多くの分子種が存在する。油脂の推定、栄養面、酸化安定性等の情報を得るためには前述の脂肪酸組成分析によって行われることが多いが、分析機器の高度化にともなってＴＧ分子種の情報が得られるようになり、前記性質はかならずしも構成する脂肪酸の組成比のみによらず、構成するＴＧ分子種の種類が影響していることがわかってきた。

分析法はガスクロマトグラフィー法と高速液体クロマトグラフィー（ＨＰＬＣ）法が主である。ＧＣを用いるＴＧ分析は古くから行われている。基本的にＴＧは炭素数別に分離されるが、最近ではＴＧ分析専用のキャピラリーカラムが開発され、二重結合数での分析も可能になっている。ＴＧを直接分析する場合、高温で気化させなければならず、不飽和度が高くなると分解してしまう問題がある。最近、カラムの製造技術の進歩により、ＨＰＬＣの利用も一般的になっている。

ＨＰＬＣでＴＧを分析する場合、検出器の選別が最重要である。紫外吸収検出器はもっとも一般的な検出器だが、３飽和ＴＧの検出、溶媒の選別に問題がある。示差検出器は定量性や汎用性が高いが、グラジェントの溶出液が使用できない。光散乱検出器はグラジェントの溶離が可能で検出感度も高いが、ＴＧ分子種によって応答強度が異なり、定量性に問題がある。最近では質量分析による報告が多く見られ、ＡＣＰＩ／ＭＳ等を用いている。その他、超臨界流体クロマトグラフィー、核磁気共鳴等も用いられている。

第8章 油脂の機能、役割、使い方

油の機能は調理機能と栄養機能に大別される。さらに、本来の栄養機能だけではなく、油溶性ビタミンのように油で調理することにより有効に発現される栄養機能（吸収率の向上）もある。本項では油の調理を中心とした機能に関して解説する。

油を用いた調理は大きく分けると、揚げ物や炒め物のような加熱調理とサラダドレッシングのように加熱せずそのまま用いる調理があげられる。いずれも油を用いることにより、独特の食感と風味が付与される。

1 調理、加工の機能

(1) おいしさ、風味

① 精製油は無味無臭

「油のおいしさとは？」と聞かれた場合、答えを出すことは非常に難しい。油自体に明確な味のあるものもあるが（ごま油やオリーブ油が代表的）、精製した油では油の種類による差を区別することはきわめて困難である。とくに、油の最終精製工程である脱臭工程を経た直後の油は、まったく無味無臭という表現が当てはまることを製油事業に従事する者はかならず経験する。基本的な油の味は、第一に油を精製するか否かである。

植物油の搾油にあっては多くの場合、搾油を容易にするために油糧原料を加熱した後に行う（オリーブ油等のコールドプレス油は除く）。熱を加えることで原料に含まれる酵素を失活させ、たん白質を変性させることで搾油の効率が高まり、油の収量を高めることができる。この加熱により油糧原料特有の風味を生じる。この風味が食用として適さない油種は精製を行うと考えて良さそうである。

② 精製しない油

精製を行わないで使用する代表的な油は、ごま油とオリーブ油であり、なたね油と落花生油の一部も精製を行わないで使用する場合がある。また、ごま油とオリーブ油も精製を行い使用する場合がある。

オリーブ油やごま油の風味を利用した調理法が広く普及しているが、なたね油や落花生油の風味を利用した調理法はあまり知られていない。風味をもったなたね油は赤水と呼ばれ、豆腐揚げ（油揚げ）の製造で使用されている。これは江戸時代からの伝統的な使用法でもある。一方、風味をもった落花生油は芳香落花生油と呼ばれ、主に中国料理の分野で使用されている。

③ 油の風味成分

油の味や風味を構成する成分は、油脂の主要構成成分であるトリグリセリドではない。機器分析の発達にともない、オリーブ油やごま油の味、風味成分が同定されている[1) 2)]。これらの成分は単独成分ではなく数多くの成分の集合体である。また、個々の成分の味、風味への寄与の強度が異なり、量が多い成分がかならずしも主要な風味成分にはならないので注意が必要である。精製された油も時間の経過にともない特有の味、においを生じる。これは酸化によるもので、多くの場合、好ましい味、風味ではない。これらはトリグリセリドの過酸化物の分解物であり、酸化の初期の段階ではもどり臭と呼ばれる。

(2) 高温での加熱

油の調理での大きな機能の一つは、加熱における熱媒体としての機能である。煮る料理では水の沸点以上の高温にすることはできないが、油を使うことで100℃以上での調理が可能となる。炒め調理では、油は熱媒体としての機能だけではなく、調理器具に焦げ付くことを防ぐ離型の機能も果たしている。高温での調理は調理時間を短くし、同時に熱に弱い栄養素の熱による分解を防いでいる。また、高温調理により特有の食感や味が付与されるが、これにはメイラード反応も関与している。

(3) 油溶性物質の溶解

油はもともとビタミンE等の油溶性ビタミンを含有している。リノール酸等の必須脂肪酸を含めて油を食べることはこれらを摂取することであり、健康な生活を送る上で欠くことができない。さらに、食材に含有されている油溶性ビタミンやビタミンAの前駆物質であるβ－カロテンは油の存在により吸収が向上することが知られている。たとえば、ニンジンに多く含まれるβ－カロテンは、煮物で調理した場合よりも油炒めで調理した場合のほうが、調理中の分解が少なく人体への吸収も効率的といわれている。

油に含有される微量成分としてビタミンE以外に植物ステロールが知られている。植物ステロールは食事由来のコレステロールの吸収を妨げることによる血中コレステロール低下作用があり、植物ステロールを添加した油や大豆の胚芽（正確には胚軸）部分を濃縮した原料による油が特定保健用食品として市販されている。

また、植物ステロールの一種γ－オリザノールはこめ油に含まれている。γ－オリザノールはアルカリによる脱酸を行うと多くが除去されてしまうので、残存させるためには物理脱酸が有効である。

2 調理

(1) 和え

油で和えた料理としては、ドレッシングやマヨネーズを使用した調理法が思い浮かぶ。ドレッシングやマヨネーズにおける油の機能は、呈味の観点からは酢や香辛料の鋭角的な味をマイルドにして持続性を高めることと考えられる。また、マヨネーズには乳化状態の保形性維持の機能もある。マヨネーズの油の比率を減らしたマヨネーズ類は、乳化状態を維持するため代替物質を加える必要があるが、特有の食感を再現することは非常に困難である。

マリネや油漬け（オイルサーディン等）も広い意味では油での和えと考えられるが、ここでの油の機能は、食感の改良、呈味性の改善とともに保存性の向上も考えられる。

和食の分野では、ごま和えが油の機能をよく示している。ごまをよくすり潰すことにより油が出てくるが、この油が和え特有のクリーミーさを呈することに役立っている。

(2) 炒め

① 炒め調理での油の機能

炒め調理は洋食、中国料理等、広く用いられる調理法である。油の使用量は揚げ物よりも少ないが、薄膜状態で使用され強火で加熱される場合が多く、結果として炒めに使用される油は高温状態と考えられる。

炒め調理における油の機能は、調理器具から食材への熱伝導と焦げ付きの防止である。また、炒めた後の食材には表面に油が付着してつやが出ることも重要な機能であろう。中国料理を中心としてニンニクや生姜、長ネギ、玉ねぎ等の香味野菜を油で炒め、この香味成分を油へ移行させて調理に用いることがある。また、ステーキを焼く際、ニンニクを炒め香味成分を移行させた油で肉を焼くが、この場合も同様である。この香味成分は生の場合や煮た場合と異なり、炒めることでより香ばしくなり、高温で炒めることが香味成分発現に重要な手段になっていることがわかる。これも炒め調理の重要な機能である。

② 油ハネの防止

炒め調理での問題点は、食材から出た水分が加熱された油や調理器具と接触して急激に蒸発する際に油を飛び散らせる現象、いわゆる油ハネである。キッチンの汚れや火傷の原因にもなる。これを防ぐために油に界面活性剤（主にレシチンが使用されるが、水分との親和性を高めるために酵素分解レシチンやポリグリセリン脂肪酸エステル等を使用する場合もある）を配合した製品が業務用分野を中心に炒め用の油として市販されている。油ハネ防止機構は、食材から流出した水分を細かい泡の状態で油に分散させ、穏やかに蒸発させると説明されている。

(3) 揚　げ

① 揚げ調理

揚げ調理は油を使う調理法として、日本においてもっとも一般的な調理である。食材をそのまま揚げる素揚げ、小麦粉やでん粉等の乾物をまぶす空揚げ（唐揚げ）、小麦粉などを濃い流動状としてこれを付ける衣揚げ、パン粉を食材にまとわせるフライ等がある。素揚げと空揚げは、揚げ調理により食材の食感を大きく変化させる調理法であるが、衣揚げは食材の本来の味を生かしながら、独特の香りと食感を衣に付与させる調理法である。

上手に揚がっていない揚げ物をよく「油っぽい」と表現するが、実際には油っぽい揚げ物は水分が高く油分が低いようである[3)]。

② 揚げ物の風味

揚げ調理における油の機能は食材に熱を与えることと食材から放出された水分を効率的に系外へ出すこと、いわゆる熱媒体としての役割と考えがちである。完全に熱媒体だけの機能であればシリコーン油で揚げても同じということになるが、シリコーン油による揚げ物は特有の香気がなく、この点から揚げ物特有の香気の発現には、油の成分の関与が示唆されている。一方、オレイン酸から合成した油（トリオレインが主体となる）では特有の香気が得られず、トリオレインにリノール酸を添加すると香気が得られることから、油の不けん化物やリノール酸（あるいはその酸の熱分解物）に揚げ物への香気付与の機能があるものと推定されている。

揚げ物には限定されないが、動物油脂や動物性脂質に含まれるアラキドン酸が調理食品のうま味やコク味の増強に関与していることが判明し、注目されている。[4]

揚げ物の風味は、精製度の高い新鮮な油では油の種類にほとんど影響されないが[5]、精製度の低い油や保存により劣化した油は独特の風味を呈し、加熱により劣化が進むと好ましくない風味が生じる。劣化した油は油中の重合物の増加により、食材（揚げ種）からの水分の蒸発が十分に行えなくなる。これは油の粘度が上昇し、揚げ種の表面から出た水蒸気の泡の油中への拡散が阻害されるためと考えられる。また、繰り返し揚げ調理に使用された油は、前に揚げた揚げ種の溶出物や加熱分解物等が風味に影響を与えると考えられる。

③ おいしい揚げ物

一般的に、おいしい天ぷらが食べられる専門店では、大きな揚げ鍋にたっぷりと油を入れ、一度に多くの揚げ種を入れることはない。おいしい天ぷらを揚げる秘訣はここにある。おいしい天ぷらは揚げたてを食べることも重要であるが、一度に多くの揚げ種を揚げ鍋に入れないことにより、揚げ種を入れた際の油温低下を防ぐことが大切である。油温を低下させないことで、揚げ種（衣揚げの場合は衣も含んだ）の水分を短時間で十分に蒸発させ、外側はサクサク、内側は水分が残り、ジューシーさを保っている。

次節では揚げ（フライ）について詳細を解説する。

3 揚げ（フライ）における油の役割

(1) フライでの油の機能

英語におけるフライ（frying）は油を用いた調理法全般を示しており、炒め（pan frying）と揚げ（deep frying）を包含している。日本語ではパン粉を付けて揚げる調理法の意味で用いられることが多く、揚げという調理法の一つを意味するようである。ここでは、フライを揚げ調理の代表として解析したい。

フライにおける油の最大の機能は、一般的に100℃以上で揚げ種を加熱できることである。煮るという調理法では水が介在するため常圧の条件では100℃以上に加熱できない。フライ中に揚げ種は油からの熱を受けて水分が蒸発し、水分が蒸発した跡には油が進入する。

揚げ種の成分は、油からの熱によりでん粉のα化、たん白質の変性が起き、食用に適した状態（火が通った状態）になり、同時に熱による殺菌効果も享受する。フライのイメージを図表8―1[6]に示した。

(2) フライの揚げ温度と時間

フライ時の揚げ種内部の状態は、衣の厚さや揚げ温度、揚げ時間により差が生じる。フライ表面は加熱された油と直接接触するので、熱変性をもっとも受け水分の蒸発も早く進む。揚げ種中のアミノ酸と

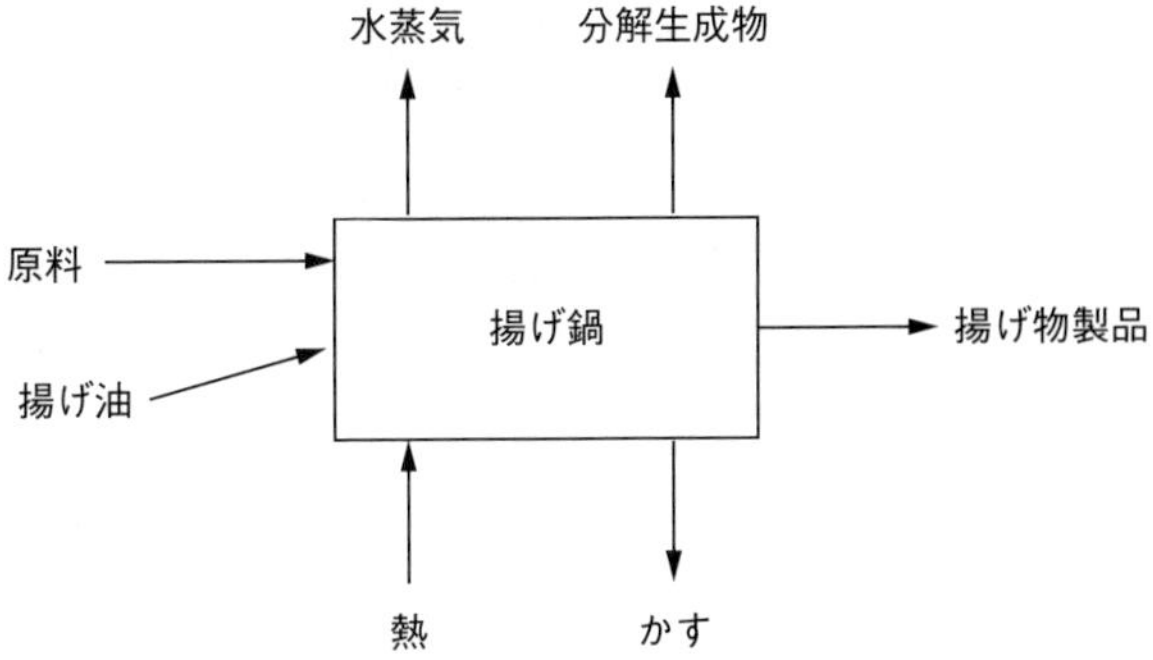

図表8－1揚げ物の概要

還元糖はカルボニル化合物とメイラード反応（アミノカルボニル反応）を起こし褐変する。これにより特有の色と食感を有するようになる。

狭義のフライでは衣にパン粉を使う。パン粉は水分が低いため短時間で揚げ色がつき、食感が食べるのに適した状態になる特長がある。フライの揚げ種は内部になるほど温度（品温）の上昇が遅くなり、結果として水分の蒸発も遅くなる。このことは揚げ種の部位によって水分、油分、成分の変性に差が生じ、微妙に揚げ温度、揚げ時間、衣の状態を変化させることで揚げ物の食感や味に差が生じることを意味する。調理する職人の腕により大きな味の差が出る由来はここにあるといえる。フライの揚げ温度や時間は揚げ種の種類や大きさにより変える必要がある。これらの関係を図表8－2[7]に示した。

通常の揚げ回数は1回であるが、揚げ種の種類により二度揚げを行う場合もある。揚げ種が厚い場合

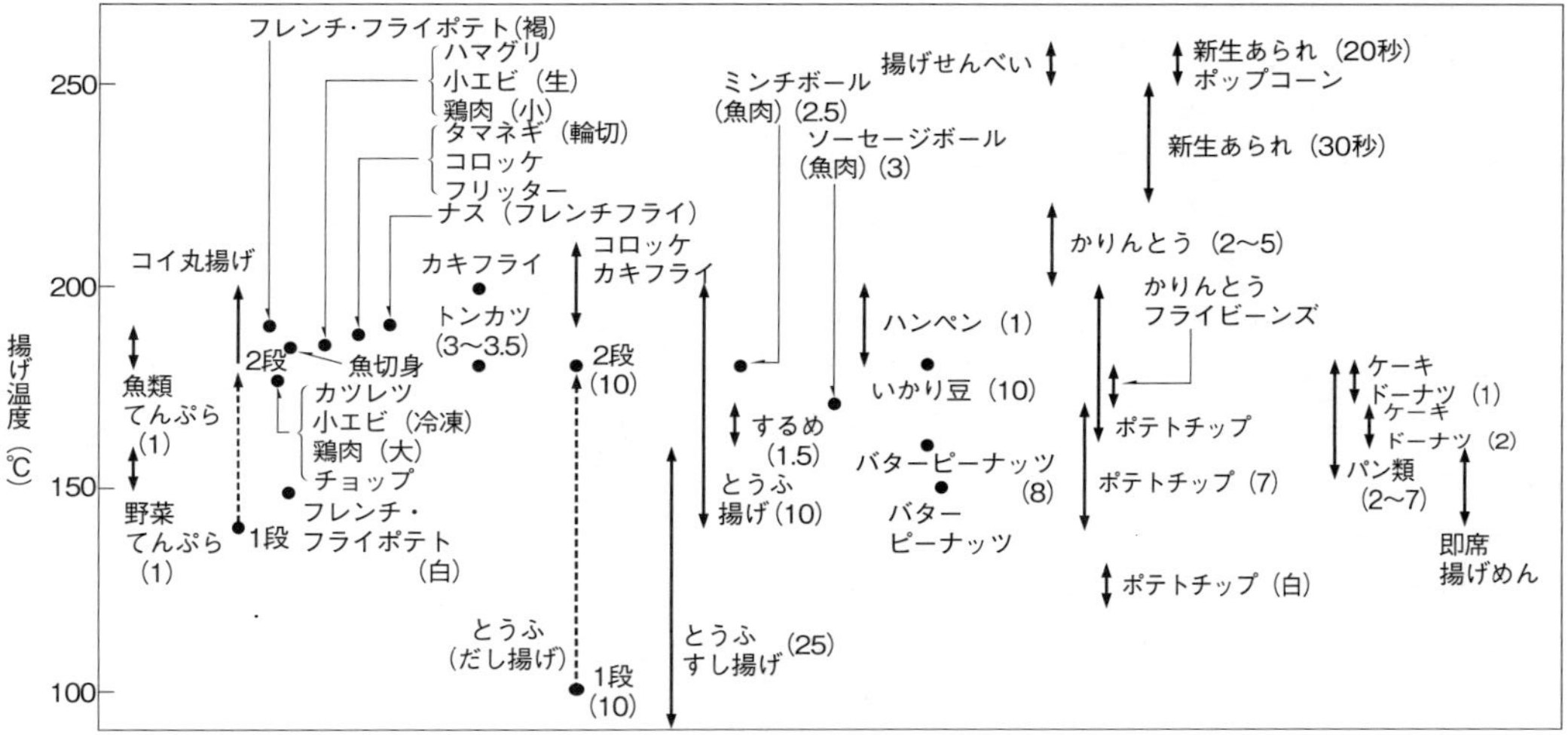

（　）内は所要時間（分）。

図表８－２
各種の食品の揚げ温度と時間

は最初に低温でじっくりと内部まで火を通した後、油温を上げて表面に揚げ色を付けるフライ方法が二度揚げである。最初から高温で揚げると内部が生の状態であるのに表面に揚げ色が付いてしまう場合に行う。魚の丸揚げや鶏の空揚、分厚いトンカツ等に用いられる。豆腐揚げ（油揚げ）の場合は、低温で揚げて生地を膨化させて、高温で揚げて揚げ色を付ける二度揚げが行われる。

(3) フライ時の油の酸化

フライに用いられる油は長時間高温にさらされ、熱酸化を受ける。しかし、フライ時の油の酸化は熱酸化という一言で表現できるほど単純ではない。熱により分解する反応、逆に重合する反応、熱と水分（主に揚げ種から出た水蒸気）による加水分解反応が主な反応であるが、これらの反応がいろいろなバランスで重なり合い同時に進行するためである。揚げ種から溶出する成分の影響も無視できない。

これらの酸化生成物はフライの味、揚げ上がりに大きな影響を与えるので、酸化の制御は経済性（酸化が少なければ油が長持ちして廃油が少なくなる）を含めて重要な課題となる。フライ条件（油温、時間、揚げ量、油の種類等）によりこれらの酸化反応のバランスが変わることも、酸化の解析を難しくしている。

実際に揚げ作業をしている現場で廃油を判断する場合は、揚げ油の色や泡立ち、発煙など視覚的な判断や、ニオイ、音など感覚的な判断をしていることが多く見られる。これには経験が必要であり、誰でも同じように廃油時期を判断できる酸価の測定紙や極性化合物を測定する装置などが利用されている場合もある。

食品工場などの調理では大型のフライヤー内にコンベアーを入れた構造の連続式のフライヤーを用い

ることがあり、大量調理を可能としている。連続式フライヤーでは油量当たりの表面積が大きい傾向があり、空気（酸素）の影響を受けやすくなるため注意する。

なお、フライ操作により長期保存の食品を製造する場合、揚げ油が食品の中に存在することになり、保存により自動酸化を受ける。揚げ油の状態管理だけでなく、揚げ油の選択が保存性に影響を与えるので注意が必要である。

4　製菓、製パン

製菓、製パン分野においてもフライを加工手段として用いられる場合がある。揚げパンやドーナツ、揚げせんべい等が代表的なものである。これらは冷めた状態で食べる場合が多いので、フライ油としての機能だけではなく、油の物理的物性（液体油か固体脂等）も外観や食感に影響をもたらすことに注意する。

(1) 練り込み

製菓・製パン分野において油脂は主に練り込み用に使用される。練り込みでの油脂の機能は、練り込む対象によっても異なるが、パンの生地の場合、容積の増大、内相の組織向上、弾力性と柔軟性の付与、老化の防止、香りの向上などの効果があるといわれている[8]。

一般的に、練り込みには液体油ではなく固体脂が用いられショートニングと呼ばれている。ショートニングの語源はshortnessであり、食感にもろさや砕けやすさを与えることに由来する。ショートニングの作用機構は、練り込まれた際に生地中のグルテンとでん粉との間に単分子状の膜を形成して、グルテンでの網目状の構造の形成を阻害するといわれ、前述の効果を発揮すると説明されている[9)]。

ショートニングがこれらの効果を発揮するためには、練り込みの操作により十分に分散させられる必要があり、物理的物性が重要となる。適度な硬さと可塑性《かそ》（温度変化に対して硬さの変化が少ないこと）、さらには油脂の結晶型と結晶の大きさの均一性が要求される。このため、ショートニングの原料としては魚油の硬化（水素添加）油が使用されてきた。魚油はその脂肪酸組成が示すように、トリグリセリド組成が複雑であり、この複雑さが硬化油とした場合の広い可塑性や良好な結晶型を呈する。植物油のトリグリセリド組成は魚油に比べると単純で、硬化油にしても広い可塑性を示すことは難しい。

しかし、風味面では植物油が優位であり、界面活性剤（乳化剤）を添加する等の手法により、植物性であってもショートニングの機能を十分にもった製品が使われている。

近年では、硬化（水素添加）油製造時にトランス脂肪酸を生成することから、部分水素添加油脂（硬化油の一種）の使用を制限する国が出てきており、日本でも代替技術としてのエステル交換油を使用することが多くなっている。

(2) 離　型

パンやケーキを焼く際、生地（ドウ）が焼く容器（パンの場合ボックスと称される）に付着しないよう容器に油を塗布する。これに用いる油はボックスオイルもしくは天板油と呼ばれる。機能は炒め油に要求されるものとほぼ同じと考えられるが、塗布する際の温度にある程度の粘度があると作業が容易となる。

また、加熱されるので熱安定性と良好な風味が要求される。パンの場合は風味付与の意味もあり、バターが使用されている。

製菓、製パン分野では機械化が進み大量生産が行われている。機械であればピストンやシリンダー等多くの摩擦面があり潤滑油が必要である。一般の機械であれば石油系の潤滑油で問題ないが、潤滑油が食品と接触する可能性があれば、潤滑油は食べても問題のないものでなければならない。これらはデバイダーオイルともいわれ、機械特性の合った粘度をもち高い酸化安定性が要求される。多価不飽和脂肪酸を含まない液体油やMCT（中鎖脂肪酸トリグリセリド）が使用されている。

(3) つや出し

製菓、製パンの分野では、表面に油を塗布してつやを出す手法が用いられる。米菓のかけ油や炊飯油も同様の目的で油が使用されている。

基本的には液体油であればつや出しの機能は満足するが、米菓のように保存性を要求される場合、油自体の酸化安定性が要求される。固体脂であれば酸化安定性は高いが固化するとつやが出ないので、この目的には不適当である。

表面へ均一に塗布することが要求される場合には、界面活性剤（乳化剤）の配合が行われている。この目的にレシチンを使用すると、酸化安定性も同時に向上する。

5 その他の食用用途[10)]

(1) 離型油

先に述べたように、植物油脂は製パン分野を中心に、型や天板への食品の付着防止の目的で使われている。調理時さらに食材を焦げ付きにくくさせるために、油脂に大豆レシチンを配合する場合がある。スプレータイプで使いやすいものもある。離型油は、洋菓子や和菓子、せんべい、水産練り製品、冷凍食品などにも使われている。また、めん類の付着を防止してほぐしやすくする目的でも植物油脂が使われる。

(2) 炊飯油

コンビニエンスストアなどで販売されるおにぎりにも、植物油脂に大豆レシチンなどを配合した炊飯油が使われることがある。おにぎり用の米飯を炊くときに炊飯油を使うと釜離れが良く、米飯の乾燥・硬化を防ぎ、おにぎり成型の型離れが良い。

(3) 香味油

調理の際に香味を付与する目的で香味油が使われる。シーズニングオイルまたは風味油、調味油とも呼ばれる。

代表的な香味油であるラー油は、油に唐辛子などの香味素材を入れて、加熱しながら香味を油に抽出したものである。この他には、ガーリックオイルやねぎ油、バジルオイル、鶏油、バター風味油など多くの種類がある。

6 油脂の食用以外の用途

植物油脂は、化学構造に起因する特徴（脂肪酸鎖の長さと不飽和度、エステル結合など）を活かしてインキ、塗料、潤滑油、石鹸などの原料にも使用されている。近年では温室効果ガス（GHG）削減、生分解性の観点から環境に配慮したサステナブル原料としてあらためて注目され、燃料や樹脂原料として石油資源からの代替が期待されている。

(1) 植物油インキ[11)]

印刷インキは、色料（顔料、染料）、樹脂、溶剤、助剤などで構成されており、版の種類などによって多品種に分類される。新聞や製品パンフレットなどの印刷に用いられる平版（オフセット）インキには、環境対応型インキである植物油インキが使用されることが多い。

植物油インキには、インキ中に含有する植物油脂または植物油脂を原料としたエステルとの合計が印刷インキ工業連合会の定める基準以上配合されていること、印刷インキに関する自主規制で設定された、人体や環境への影響が懸念される物質を意図的に使用しないことが求められる。

(2) 塗料[12)13)14)]

植物油脂の不飽和結合の酸化重合性を利用した代表的な用途に塗料がある。中世において、塗料は絵画や宗教目的に使われていた。あまに油に代表される乾性油を加熱し、粘度を高めた重合油（ボイル油、スタンド油）に加工して使われることが一般的である。

アルキド樹脂は、植物油脂の酸化重合性を利用した合成樹脂で、ヨウ素価の高いあまに油や大豆油、あるいはそれらの脂肪酸を原料として使用する。アルキド樹脂塗料は常温で架橋するため使いやすく、美観や耐久性が良好なので、建築物、構造物、船舶、重機器など広く用いられている。

(3) 潤滑油[15)]

潤滑油は物体の接触部分に入り込んで、摩擦そのもの、擦れによる摩耗や発熱などを低減させるための油である。

植物油脂は、構成する脂肪酸の鎖長が長くエステル結合を有することから、鉱物油に比べて金属になじみやすいが、酸化安定性の点では鉱物油に劣るため、汎用的には使用されていない。酸化負荷が低く環境性能が求められる用途には、なたね油やひまわり油のハイオレイック種など、比較的安定性が高い油脂が使用される。

植物油脂は、自然界に存在する微生物によって二酸化炭素と水に分解されるため、「生分解性潤滑油」の基油として使われている。日本では、日本環境協会がエコマーク事業を運営し、「生分解性潤滑油」の認定基準を定めている。

(4) 石鹸・洗剤[16)17)]

脂肪酸のアルカリ金属塩であるセッケンは、身体や衣類の洗浄に用いられる界面活性剤として、古くから生活のなかで使用されてきた。石鹸は油脂をけん化または分解・中和して、中間原料であるニートソープを経て製造される。やし油とパーム核油から得られるラウリン系脂肪酸は、ボディシャンプーなどの洗浄剤に使用されている。

(5) ゴム[18)19)]

一般的にゴムを加工するときには、ステアリン酸が添加されている。ステアリン酸は加硫を促進する働きと、ゴムの加工性を向上させる働きがある。ゴムの軟化剤として添加されているナフテンオイルなどの鉱物油の代替に、なたね油などが使用されている。

ゴムの主要用途であるタイヤの基本構成は、ゴム（天然、合成）、補強材、配合剤（加硫剤、加硫促進剤、軟化剤など）などから成り立っている。タイヤメーカーはサステナブル化を目指し、これらのリサイクル活用とともに植物などのバイオマス素材の導入を検討している。

(6) バイオ燃料[20)21)22)23)]

バイオ燃料の製造は温室効果ガス（GHG）の削減、さらに農業政策、経済発展を期待され、各国で拡大している。

活用される植物油脂は米国、南米では大豆油、欧州では菜種油やパーム油、東南アジアではパーム油を主としているが、食との競合やGHG削減効率の観点から、廃食油や油脂含量の高い微細藻類活用の検討が活発化している。

植物油脂を原料とするバイオ燃料でもっとも製造量が多いものは、メタノールとのエステル交換反応等で得られる脂肪酸メチルエステル（FAME）である。FAMEはディーゼルエンジン用燃料として使用されることが多く、専用のエンジン以外では、軽油に5～30％程度配合した使用が一般的である。

石油系燃料に近い使い方ができるバイオ燃料として、水素化分解により炭化水素化した植物油脂（HVO）の製造量も増加している。とくに、航空輸送では現行のジェット燃料に近いエネルギー密度をもつ持続可能な航空燃料（SAF）が必須であり、日本でも経産省・国交省が協働で「SAFの導入促進に向けた官民協議会」を発足するなど、積極的な普及活動に取り組んでいる。

(7) 可塑剤、プラスチック[24)25)26)27)]

電線の被覆や内装フィルムやビニールハウスなど幅広い用途に使用されるポリ塩化ビニルや、酸素と水蒸気を通しにくく耐熱性に優れ、家庭用ラップや食品包装用フィルムに使用されるポリ塩化ビニリデンには、柔軟性を付与する可塑剤が配合されている。主な可塑剤はフタル酸系エステルだが、脂肪酸の不飽和結合にエポキシ基を導入して製造されるエポキシ化大豆油やエポキシ化あまに油も使用される。エポキシ可塑剤は、耐熱・耐光性を向上させる効果もある。

日本では「プラスチック資源循環戦略」が策定され、2030年までにバイオマスプラスチックを約

２００万ｔ導入することが宣言された。バイオマスプラスチックは糖・でん粉・セルロース由来のアルコールから合成されるものが多いが、改質した植物油脂と石油由来ナフサを混合・クラッキングした原料からポリプロピレンやポリエチレンを合成する技術の実用化が進んでいる。

〔参考資料〕

1) 2) 阿部芳郎監修『油脂・油糧ハンドブック』（1）p.66, 2）p.125）幸書房（１９８８年）
3) 島田淳子『油化学』28、p.727頁（１９７９年）
4) 山口 進『オレオサイエンス』12 (p.263)（２０１２年）
5) 島田淳子『油化学』28 (p.726)（１９７８年）
6) 7) 太田静行、他『改訂 フライ食品の理論と実際』（6）p.2, 7）p.7）幸書房（１９８９年）
8) 中澤君敏『マーガリン ショートニング ラード』(p.370) 光琳（１９７７年）
9) 柳原昌一『食用加工油脂の知識』(p.145) 幸書房（１９８４年）
10) 鈴木修武著『食用油の使い方』幸書房（２０１０年）
11) 印刷インキ工業連合会 (http://www.ink-jpima.org/ink_syokubutu.html)
12) 日本ペイント㈱著『塗料の性格と機能』日本塗料新聞社（１９９８年）
13) 戸谷洋一郎監修『油脂の特性と応用』幸書房（２０１２年）
14)『油脂』vol.16,No.7（１９６３年）
15) 高柳正明『オレオサイエンス』vol.5,No.10 (p.455-461)（２００５年）
16) 日本油化学会編『第４版 油化学便覧』丸善（２００１年）
17)「油脂」vol.64,No.11 (p.18-21)（２０１１年）
18)（一社）日本自動車タイヤ協会 (https://www.jatma.or.jp/)

19）（一社）日本自動車会議所
（https://www.aba-j.or.jp/）
20）特定非営利活動法人 国際環境経済研究所「バイオ燃料の現状と将来(1)」
（https://ieei.or.jp/2020/10/expl201027/）
21）『油脂』vol.74.No.2（p.18-23）（２０２１年）
22）『TSC Foresight』vol.37「次世代ジェット燃料分野」
（２０２１年）
23）国土交通省「航空機運航分野におけるCO_2削減に関する検討会」第１回資料（２０２１年）
24）塩ビ工業・環境協会（https://www.vec.gr.jp/）
25）塩化ビニリデン技術協議会
（http://vdkyo.jp/index.html）
26）環境省「プラスチック資源循環戦略」（２０１９年）
27）環境省「バイオプラスチック導入ロードマップ」
（２０２１年）

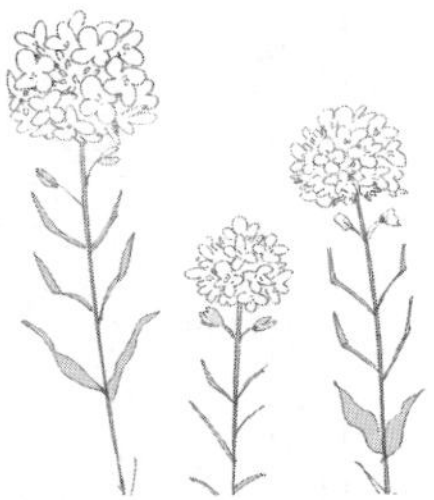

第9章 油脂と栄養

1 油脂の栄養生理学的役割

(1) カロリー源として

私たちは生命を維持し活動していくために、栄養成分を身体に取り入れる。栄養成分にはエネルギー産生栄養素（三大栄養素）であるたん白質・脂質・炭水化物と、ビタミン・無機質（ミネラル）・食物繊維などがある。エネルギー産生栄養素は熱量（カロリー）源であり、たん白質、炭水化物はそれぞれ1g当たり4kcal、脂質は9kcalの熱量をもつ。

脂質のカロリーが高いことは、子どもの成長期などエネルギー補給には好都合である。現代は物質的に豊かである一方、カロリー不足や過多の人は少なくなく、油切れも摂りすぎもなく上手に利用することが求められる。

(2) 油のおいしさと生命維持

油が食べ物においしさを与えることは前章で述べた。ここでは生理学的意義を探ってみたい。

おいしさは、食べ物の外観、色、テクスチャー、味、香りなどの因子が五感に働きかけて生じる好ましい感覚である。ごま油、オリーブ油、乳脂肪などは味や香りの成分を含むものの、油脂は本来無味無臭である。なぜ、脂肪はおいしいのだろうか。

おいしさを研究する伏木 亨教授らのグループが調べた結果、舌の神経や消化管の細胞は脂肪酸を識別できることがわかった。脂肪をおいしく感じることは、カロリーの高い脂質を好んで摂取することにつながる。このことは、生命維持に有利な行動を選択するという生理学的意義があり、脂質の栄養学的価値と密接に関連すると考えられる[1)]。

(3) 必須脂肪酸の供給

油脂の栄養は基本的に脂肪酸の栄養である。n－6系多価不飽和脂肪酸であるリノール酸とn－3系多価不飽和脂肪酸のα－リノレン酸は体内で合成できないため、必須脂肪酸と呼ばれる。

必須脂肪酸はリノール酸から発見された。1930年、Burr夫妻は無脂肪食での飼育がネズミの成長停止、脱毛、生殖不能などの栄養障害を生じるが、リノール酸を含む植物油を与えると治癒することを報告した。その後、リノール酸は皮膚の水分保持、感染症予防など多くの作用を有することがわかった。

α－リノレン酸は1932年に必須脂肪酸であると報告された。α－リノレン酸の欠乏は、ヒトでは麻痺、歩行不能、視力減退、皮膚障害を認め、動物では視力、学習能力の低下が認められる[2)]。

リノール酸は穀類や豆類に含まれ、大豆油、とうもろこし油、綿実油、こめ油など多くの植物油の主要な成分である。必須脂肪酸としての必要量はカロリーの2～3％（一日当たり4～7ｇに相当する）とされている。

α－リノレン酸はなたね油（キャノーラ油）・大豆油に10％近く含まれ、あまに油・えごま油には60％近く含まれる成分である。必須脂肪酸としての必要量はカロリーの1％とされている。日常の食生活でこれらの必須脂肪酸が欠乏することはない。

(4) 脂溶性微量成分の供給と吸収促進

私たちが日常摂取する食用油のほとんどはトリグリセリド（グリセリンに脂肪酸が3つ結合したもの）で、通常98～99％以上を占める。これ以外に、ビタミンE（α－トコフェロール）、植物ステロール、リグナン、カロテノイド、オリザノールなど脂溶性の価値ある微量成分が植物油原料それぞれに含まれる。

ビタミンＥは多くの植物油に含まれ、成人の目安量５～７㎎の約20％は、私たちが一日に摂取する約11ｇの油脂類から供給されている。また、食用油はビタミンＥのほかビタミンＡ、Ｄ、Ｋなど、脂溶性ビタミンの体内への吸収を高める働きをする。

植物ステロールも多くの植物油に含まれ、コレステロールの吸収を抑え、血中の総コレステロール（Ｃ）や低密度リポたん白（ＬＤＬ）－Ｃの上昇を抑制する[3)]。また、リグナン類はごま油に含まれ、抗酸化機能だけでなく、血中ＬＤＬ－Ｃを低下させる[4)]。どちらも特定保健用食品の成分として利用されている。

２　油脂摂取の状況と基準

(1) 食生活と油脂摂取の移り変わり

わが国が世界一、二の長寿国となって久しい。これは数十年にわたる栄養摂取状況の積み重ねであり、主に動物性のたん白質と脂質の摂取量増加による。この増加はわが国の経済発展の軌跡と一致し、第二次大戦後から１９７５（昭和50）年頃まで、動物性脂質の摂取が増えて脂質摂取量は急増した。

75年以降は、現在に至るまで大きな変化がなく（図表９―１）、令和元年の日本国民の脂質摂取量は一人一日当たり約61ｇ、脂質エネルギー比率は29％程度であった。この摂取状況は欧米と比べるとかなり少ない。比較のため、栄養供給量の資料であるが、図表９―２に示した。

東京都老人総合研究所（現・東京都健康長寿医療

図表9－1　脂質摂取量の年次推移

（1日1人当たり、指数は昭和50年＝100としたもの）

		1975 昭和50年	1980 55	1985 60	1990 平成2	1995 7
脂質	（g）	52.0	52.4	56.9	56.9	59.9
	（指数）	100	101	109	109	115
うち動物性	（g）	27.4	27.2	27.6	27.5	29.8
(魚類含)	（指数）	100	99	101	100	109
脂質エネルギー比率	（%）	22.3	23.6	24.5	25.3	26.4

		2000 12	2005 17	2010 22	2015 27	2019 令和元
脂質	（g）	57.4	53.9	53.7	57.0	61.3
	（指数）	110	104	103	110	118
うち動物性	（g）	28.8	27.3	27.1	28.7	32.4
(魚類含)	（指数）	105	100	99	105	118
脂質エネルギー比率	（%）	26.5	25.3	25.9	26.9	28.6

資料：厚生労働省「国民栄養調査」「国民健康・栄養調査」から作成

センター研究所）の柴田博先生は、日本人の長寿をもたらしたわが国の食生活の特徴として次のように述べている。

・エネルギー摂取量がこの100年間ほぼ2000kcalのまま推移し、これは欧米の3分の2に当たる。

・たん白質と脂質は、動物由来と植物由来がほぼ1：1で、魚が肉より多い。

・野菜、きのこ、海藻を日常的に摂取している。

肉類の摂取は第二次大戦後から1975（昭和50）年頃ほどの大きな変化はないものの、年々伸びている（図表9―3）。さらに、肉類と魚介類の摂取量を年代別に比較してみると、10代から50代は肉類が魚介類の倍以上と多く、60代でようやく肉類と魚介類の量が近くなる。

このように、年代ごとに分けると日本人の食生活は徐々に変化しており、日本の食生活をどのように守っていくかが課題となる。

図表9－2　国民栄養の国際比較

	年	熱量		脂質			PFC供給熱量比率（%）		
		合計(kcal)	うち動物性の比率(%)	合計(g)	うち油脂類(g)	うち油脂類 比率(%)	たん白質(P)	脂質(F)	糖質(炭水化物)(C)
アメリカ	2018	3614.0	28	170.2	87.1	51	12.4	42.4	45.3
カナダ	2018	3452.0	26	163.2	88.8	54	11.8	42.5	45.6
ドイツ	2018	3295.0	33	148.6	67.4	45	12.4	40.6	47.0
スペイン	2018	3143.0	27	152.0	81.9	54	13.3	43.5	43.2
フランス	2018	3339.0	33	149.6	56.4	38	12.5	40.3	47.2
イタリア	2018	3381.0	25	148.8	80.1	54	12.3	39.6	48.1
オランダ	2018	3147.0	37	139.8	56.9	41	13.3	40.0	46.8
スウェーデン	2018	3011.0	35	133.4	49.7	37	13.6	39.9	46.5
イギリス	2018	3176.0	30	137.8	55.2	40	12.7	39.0	48.2
スイス	2018	3169.0	35	153.0	59.2	39	11.7	43.5	44.8
オーストラリア	2018	3221.0	32	156.9	72.2	46	12.5	43.8	43.7
日本	2018	2428.3	22	81.3	38.7	48	13.0	30.1	56.9
	2019	2340.0	22	82.9	39.7	48	13.6	31.9	54.5
	2020	2268.7	22	81.9	39.4	48	13.7	32.5	53.8

資料：農林水産省「食料需給表」、FAO"Food Balance Sheets"を基に農林水産省で試算
注　：1．日本は年度、それ以外は暦年。
　　　2．酒類等は含まない。
　　　3．日本について、2019年度以降の値は『日本食品標準成分表2020年版（八訂）』を参照しているが、単位熱量の算定方法が大幅に改定されているため、それ以前と比較する場合は留意されたい。

A．肉類摂取量の伸び（国民平均）　（1日1人当たり）

年	1975	1980	1985	1990	1995	2000	2005	2010	2015	2019
肉類（g）	64.2	67.9	71.7	71.2	82.3	78.2	80.2	82.5	91.0	103.0

肉類摂取量の伸び（国民平均、g／日）

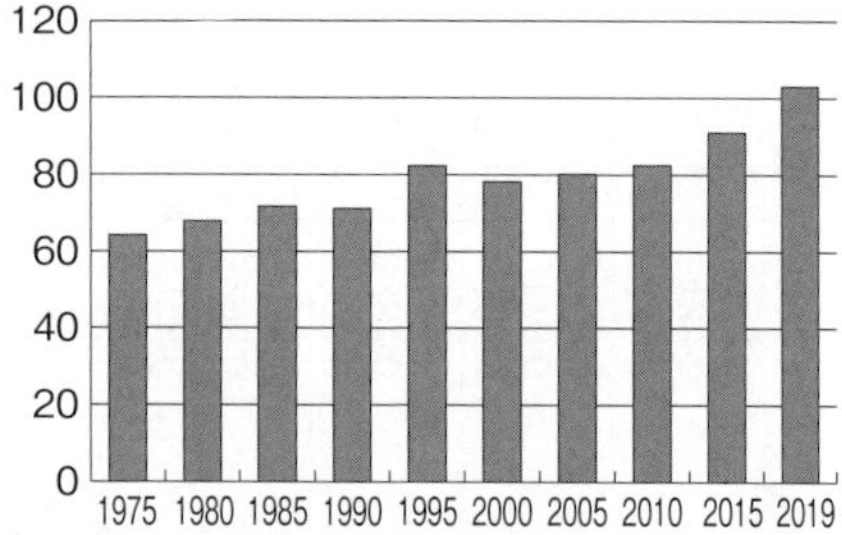

B．年代別摂取量（g／日）

	15～19	20～29	30～39	40～49	50～59	60～69
肉類	168.3	130.7	116.1	130.3	106.9	94.5
魚介類	43.3	50.8	50.8	52.8	59.2	77.7

年代別摂取量（g／日）

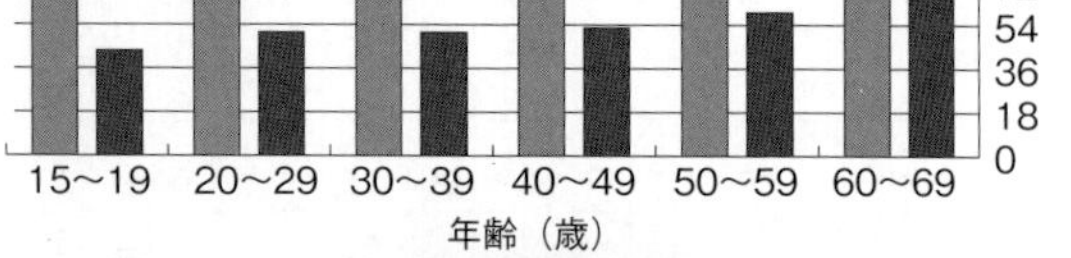

・国民平均では肉類の摂取は年々伸びている。
・若年～中年層は肉類の摂取量が多く、魚介類の摂取量が少ない。

資料：厚生労働省「令和元年 国民健康・栄養調査報告」から作成

図表9－3　食生活の移り変わり

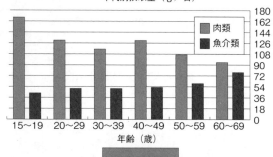

図表9－4　脂質摂取量の現状

	見えない油(g)			見える油(g)			計(g)
	食品名	食品摂取量	油脂摂取量	食品名	食品摂取量	油脂摂取量	
植物性	穀　類	410.7	4.7	植物油脂	8.8	8.8	
	豆　類	60.6	4.1	マヨネーズ類	3.4	2.3	
	野菜類	269.8	0.5	マーガリン	1.0	0.8	
	果実類	96.4	0.3				
	いも類	50.2	0.1				
	種実類	2.5	1.2				
	藻　類	26.8	0.0				
	調味料他	59.1	2.9				
	菓子類	25.7	3.3				
	小　計	1001.8	17.1	小　計	13.2	11.9	29.0
動物性	肉　類	103.0	17.2	バター	1.1	0.9	
	卵　類	40.4	4.1	動物脂	0.2	0.2	
	乳　類	131.2	5.1				
	魚介類	64.1	4.8				
	小　計	338.7	31.2	小　計	1.3	1.1	32.3
その他の食品		624.8	0.0				0.0
合　計		1965.3	48.3 (79%)	合　計	14.5	13.0 (21%)	61.3

資料：(一社) 日本植物油協会「植物油と栄養」、厚生労働省「令和元年 国民健康・栄養調査」から作成

(2) 見える油と見えない油

国民一人が一日に摂取する脂質約61ｇのうち、5分の4は穀類、豆類、肉類、卵類、乳類、魚介類などからの「見えない油」で、「見える油」は5分の1しかない（図表9―4）。意識しないまま摂取する「見えない油」に気づかず、「見える油」のみを減らしがちだが、植物油は約9ｇと肉類由来の「見えない油」の半分ほどであり、植物油は多価不飽和脂肪酸の供給源として重要である。さまざまな食品から栄養を摂ることは、食事の楽しみを損なうことなく栄養バランスを取ることにつながる。

(3) 脂肪酸の摂取バランス

「第6次改定 日本人の栄養所要量（2000年）」によると、平均的日本国民の食生活における動物、植物、魚類由来の脂肪の摂取割合は、

4：5：1程度であった。

第6次改定栄養所要量では、策定当時の日本国民の飽和脂肪酸、一価不飽和脂肪酸（主にオレイン酸）、多価不飽和脂肪酸の摂取バランスに基づいて「飽和脂肪酸：一価不飽和脂肪酸：多価不飽和脂肪酸＝おおむね3：4：3」との目安を示した。

多価不飽和脂肪酸のn－6系脂肪酸とn－3系脂肪酸の摂取比率（n－6／n－3比）についても、当時の平均的な摂取状況のn－6／n－3比である4・2程度に基づき、次の目安が示された。

「n－6系脂肪酸とn－3系脂肪酸の摂取比率についても、健康な人では4：1程度を目安とする考え方が現状においては妥当である。」

現在でもn－6／n－3比は4程度が適正とされている。2019（令和元）年の調査ではn－6／n－3比は4・48であった。一方、欧米の摂取基準はn－6系脂肪酸の適正な摂取量範囲が広く、n－6／n－3比を計算すると4～10となる。その摂取状況は10に近く、日本のように4に近づけることは難しい。

(4) 脂質の摂取基準

厚生労働省は2019（令和元）年に「日本人の食事摂取基準2020年版」を策定した。食事摂取基準は、健康な個人および集団を対象として、国民の健康の保持・増進、生活習慣病の予防のために参照するエネルギーおよび各栄養素の摂取量の基準を示したもので、5年ごとに改定されている。

脂質は、脂肪エネルギー比率の指標が年齢別に示され（図表9－5）、1歳以上の子どもと大人ではエネルギー比率の適切な目標として20～30％とされた。下限の20％は必須脂肪酸である多価不飽和脂肪酸の目安量に不足がないよう、また、上限の30％は飽和脂肪酸の目標の上限を超えないよう設定され、実際の食生活で摂取可能な目安が定められている。

一方、米国は努力目標として、40％以上あった脂肪エネルギー比率を35％までとする基準を策定しているが、食生活を変えるのは並大抵なことではない。

図表9－5　脂質の食事摂取基準

年齢（歳）	エネルギー比率（%）
0～（月）	50
6～（月）	40
1～64（歳）	20～30
65以上（歳）	20～30

資料：厚生労働省「日本人の食事摂取基準2020年版」から作成

(5) 脂肪酸の摂取基準

飽和脂肪酸は、その過剰摂取が循環器疾患の発症リスクを上昇させることから目標上限が設定された。多価不飽和脂肪酸は不足しないよう目安量が設定され、また、飽和脂肪酸との置き換えは、循環器疾患発症予防になることが示された。その上で、日本国民の摂取状況を参照して年齢別の適切な摂取量が策定された（図表9―6）。

摂取基準としてn－6／n－3比が話題となることがある。これは、n－6系脂肪酸（主にリノール酸）とn－3系脂肪酸（α－リノレン酸やエイコサペンタエン酸（EPA）、ドコサヘキサエン酸（DHA））から産生される代謝産物が血管拡張、血液凝集、免疫応答などの調節に関与し、生理機能がそれぞれ異なることと、両系列の脂肪酸が体内で共通する酵素系で代謝されるため干渉や拮抗を引き起こし、n－6／n－3比がその生理作用に影響すると考えられてきたことに由来する。しかし、冠動脈疾患に関する疫学研究では、n－3系脂肪酸の摂取量が一定程度あれば、n－6系脂肪酸の摂取量は影響を与えないことが示されている[5)]。したがって、どちらの系列の脂肪酸も必要量の摂取が求められる。

図表９－６　脂質の食事摂取基準

1. 飽和脂肪酸

年　齢	エネルギー比率(%)
～2(歳)	－
3～14(歳)	10以下
15～17(歳)	8以下
18以上(歳)	7以下

2. n－6系脂肪酸

年　齢	g/日	
	男　性	女　性
～2(歳)	4	4
3～9(歳)	6－8	6－7
10～17(歳)	10－13	8－9
18～74(歳)	9－11	8
75以上(歳)	8	7

3. n－3系脂肪酸

年　齢	g/日	
	男　性	女　性
～2(歳)	0.7－0.9	0.8－0.9
3～9(歳)	1.1－1.5	1.0－1.3
10～17(歳)	1.6－2.1	1.6
18～74(歳)	2.1－2.2	1.6－2.0
75以上(歳)	2.1	1.8

資料：厚生労働省「日本人の食事摂取基準2020年版」から作成

(6) 平均と個人の問題

日本国民の平均的な栄養素摂取状況は悪くない。しかし、忙しく時間のないことや面倒であることを理由とした朝食欠食者の存在や個食・中食・外食の増加など、健康的な食習慣の妨げとなる環境は若年層を中心に常態化しており、その影響が危惧される。

脂質摂取量は個人でみるとばらつきが大きく、脂肪エネルギー比率が20％未満の成人の割合はおよそ15％、30％以上の成人の割合はおよそ40％であり、摂取基準から外れている割合は全体の半数以上に相当する。

栄養問題は教育の問題といわれる。自身や家族の健康を守るため、正しい栄養教育が望まれる。

3 栄養上の話題

(1) 油脂と肥満

脂質の摂り過ぎには注意が必要だが、高脂肪食、あるいは油脂が肥満を促進するとの確かな証拠はない。

2015(平成27)年のメタ解析(複数の研究報告を統合した解析)では、減量のために高脂肪食を長期間摂取したとき、体重減少は低脂肪食と違いがなかった[6]。一方、20年のメタ解析では、減量のために高脂肪食を長期摂取すると、低脂肪食より体重や血中トリグリセリドが減少し、高密度リポたん白(HDL)-Cは増加するものの、飽和脂肪酸の摂取が増加するため総およびLDL-Cが増加すると報告された[7]。

肥満予防に役立つ脂質として、中鎖脂肪酸は体脂肪や内臓脂肪を有意に低下させる機能が[8]、α-リノレン酸ジアシルグリセロールは内臓脂肪を減少させる機能が報告され[9]、これらの成分を利用した特定保健用食品が許可されている。

(2) コレステロールと油脂

コレステロールは細胞膜の構成成分であり、代謝物である胆汁酸は脂肪の消化を助け、ホルモン関連物質は恒常性維持に関与するなど重要な役割を果たす。コレステロールは他の脂質やたん白質と一緒にLDLとして血中をめぐって細胞にコレステロールを運び、細胞の余分なコレステロールはLDLと似たHDLとして運び出される。LDLは増えて活性酸素で酸化されると動脈硬化のリスクが増すため悪玉と呼ばれ、HDLは反対の役割をするため善玉と呼ばれる。

動物性脂肪に多い飽和脂肪酸は血中LDL-C

を上昇させ、植物油に多い不飽和脂肪酸はこの上昇を抑制すること、脂質の過剰摂取はカロリー摂取増加から肥満を進行させ脂質異常症のリスクを上昇させることが知られている。また、コレステロールの摂取量は、食事摂取基準では脂質異常症の重症化予防の観点から一日当たり200mg未満に留めることが推奨されている。

脂質異常症の診断基準は血中LDL-C140mg/dℓ以上、HDL-C40mg/dℓ未満、TG150mg/dℓ以上、Non-HDL-C170mg/dℓ以上である（日本動脈硬化学会・動脈硬化症疾患予防ガイドライン2017年版）。肥満や脂質異常症のほかに喫煙、高血圧、糖尿病、高尿酸血症などが心筋梗塞、脳血栓などの危険因子として知られている。

トランス脂肪酸は欧米で摂取量が多く、日本でも話題になる。この脂肪酸は多価不飽和脂肪酸に水素添加（硬化）したときに生成される（第6章、第11章参照）。栄養学的に必須栄養素でなく、総コレステロールおよびLDL-Cを上昇させHDL-Cを低下させるため、カロリーの1%未満に抑え、できるだけ少ないことが望ましい。わが国の平均摂取量は1%未満で影響が明らかでないが、脂質摂取量は前述のように個人差が大きく、過剰摂取には注意が必要である。また、リノール酸と合わせて摂取するとその悪影響が抑えられるとの報告がある[10]。

(3) 地中海食とオリーブ油

地中海周辺の国では、脂質摂取量が同程度の欧州諸国に比べて血中コレステロール濃度が低く、心疾患による死亡率が低いという栄養疫学の調査結果が知られている。栄養疫学とは、集団を対象に疾病や健康状態などと摂取する栄養の質や量などの関係について統計学的な解析から調べるものである。

地中海型の食事は野菜・豆類・魚介類の摂取が多

く、日本型の食事と通じるところがある。地中海周辺の国でオリーブ油は古くから愛用され人気が高く、日本でも定着している。また、オリーブはオイル＝油の語源で、オイルはオレインと同義であるなど、油の歴史を紐解く上で面白い。

オレイン酸は一価不飽和脂肪酸に分類され、オリーブ油では70％以上を占める。植物油一般に多く含まれ、なたね油（キャノーラ油）やハイオレイックス種のサフラワー油（べに花油）、ひまわり油などに、とくに多く含まれる。飽和脂肪酸に比べて血中LDL－Cの上昇を抑え、オレイン酸の多い油は酸化されやすい油に比べて悪玉と呼ばれる酸化LDLになりにくいといわれている。

また、オリーブ油にはフェノール化合物が含まれ、この抗酸化成分は血中LDLの酸化を抑制することが知られ、健康に良い理由の一つとされている。

(4) 心疾患とn－3系脂肪酸

n－3系脂肪酸は1970年代の栄養疫学調査により注目された。グリーンランドに住むイヌイット（極北地域に住む民族）とデンマークに移り住んだイヌイットを調べると、グリーンランドのイヌイットは心疾患による死亡率がはるかに低かった[11)]。

両者ともコレステロール摂取量が多かったが、デンマークでは動物性脂肪の摂取量が多く、グリーンランドではアザラシなど海獣を摂取し、その脂肪にはEPA、DHAなどのn－3系不飽和脂肪酸が多く含まれていた。

植物油に含まれるα－リノレン酸は、体内でEPAやDHAに変換される。

(5) 活性酸素と抗酸化物（ビタミンE）

① 活性酸素とSOD

活性酸素は身体を守る重要な役割を果たしてい

る。白血球から産生される活性酸素は呼吸や食事を通じて浸入した病原体に作用し、感染防御や免疫機能を発揮する。また、細胞間のシグナルを伝達するなどの生理活性物質としても働く。私たちは取り入れた酸素からエネルギーを生み出し生命活動を維持するが、酸素の一部が通常より活性化されると、反応性の高い活性酸素に変化する。

酸化ストレスとは、活性酸素の産生が過剰となり、抗酸化防御機構とのバランスが崩れた状態をいう。紫外線、大気汚染、化学物質、ストレスなどが酸化ストレスの原因となり、活性酸素が過剰に産生すると、生活習慣病や、ガンなどの疾病や皮膚の炎症など細胞の障害を引き起こし、老化を促進させる[12]。

酸化ストレスの防止には、食事、運動、休息や睡眠など、基本的な生活習慣を良好に保つことが重要だといわれている[13]。

一方で、私たちの身体には過剰の活性酸素を消去する抗酸化防御機構が備わっており、スーパーオキシドディスムターゼ（SOD）をはじめとした内因性の抗酸化酵素が働く。動物の寿命は、その動物のSOD活性が高いほど長いことが知られている（図表9－7）。

② 抗酸化物質

抗酸化物質は抗酸化防御機構の一つとして注目されている。ビタミンEは脂溶性の抗酸化物であり、細胞膜の成分として外界から細胞を守る。他にも、ごま油のリグナン類、パーム油のトコトリエノールなどがある。

フランスは動物性脂肪やコレステロール摂取の多い欧米諸国の中で心疾患や脳疾患による死亡率が低い。この「フレンチパラドックス」と呼ばれる矛盾をとくカギは、フランス人が愛飲する赤ワインにあった。赤ワインに含まれるポリフェノールは血中LDLの酸化を抑制し、動脈硬化の発症を抑えると考え

図表９－７　ほ乳類の寿命と抗酸化能

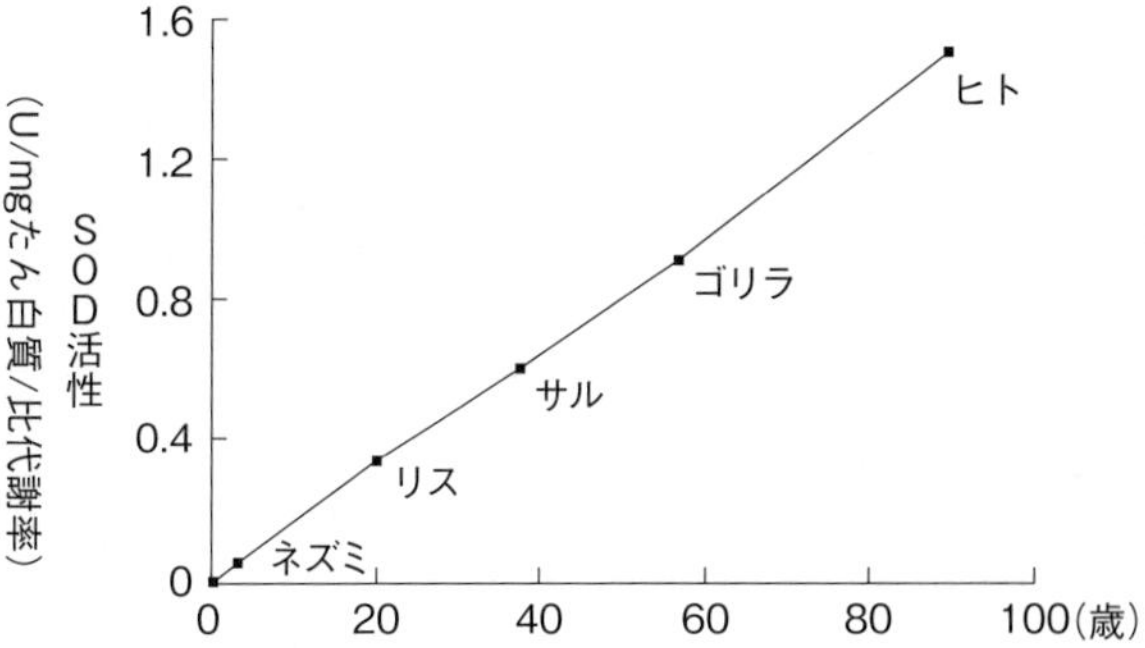

資料：Tolmasoff J. M. et al, Proc. Natl. Acad. Sci.USA. 77 2777 (1980)

られている。水溶性の抗酸化物は、ほかにもビタミンＣや緑茶に含まれるカテキン類があり、水相側からビタミンＥの働きを高める作用を発揮する14)。

(6) フードファディズム

食と健康への関心はきわめて高い。日本人の寿命が延びて人生１００年時代に向け健康の維持・増進への関心が高まり、超高齢社会をいかに健康に生きるかという思いの表われとも読める。しかし、食事や食品を身体に良い・悪いと区別し、偏った食生活をしたり、特定の食べ物を取り過ぎたりしてはいけない。

「食物や栄養が健康や病気に与える影響を過大に信じ、評価すること」をフードファディズムという。群馬大学の高橋久仁子教授は、氾濫している食の栄養情報とフードファディズムに対して注意を促している15)。

魚油に含まれるＤＨＡは「頭が良くなる」などと誇大な宣伝をされたことがある[16]。日本と比べると欧米諸国の内陸部ではあまり魚を食べないし、日本の中でも漁村と比べると農村では摂取量が少ないが、頭の良さとの関連はない。このような話もフードファディズムである。

4　変敗油の栄養

(1) 酸化した油

油脂は熱・光・金属などにより酸化が促進され、過酸化脂質を生じ、重合を起こす（第10章参照）。こうした変敗油はその程度により栄養的な価値が下がり、極端な場合は毒性を生じる[17]。変敗油はいやな臭いや味を呈するので、通常は食べ物として口に入れる前に避けられ、仮に食べたとしても、嘔吐や下痢を起こすことで体内から排除される。身体に入った場合は次の防衛機構が発動し、過酸化物を消去するための酵素系が働く。しかし、変敗油の摂取は体内で活性酸素を生成させやすいので避けなければならない。

油脂の酸化は油脂を含む食品にも影響する。即席麺、ポテトチップ、バターピーナッツ、油性菓子だけでなく、魚の干物、くさや、煮干なども適切な保管をして風味の落ちない間に食べる必要がある（第10章、第12章参照）。

(2) 重合した油

油脂の加熱酸化時は副反応として重合も起こる。油の二量体や重合体と脂肪酸の二量体は、吸収率が非常に低いため動物に投与しても無害であった。大豆油と落花生油を１７５℃で1日8時間、10日間加熱し、食事に10％配合してラットに3世代にわたって与えた結果、死亡率は未加熱油と差がなかった。

実用的な条件でのフライ油は健康に問題のないことが確認された[18]。

〔参考資料〕

1) 福渡 務、河田照雄、伏木 亨『日本味と匂い学会誌』4 (1-2) 61 (1997年)

2) A.A. Spector, H.Y. Kim"J. Lipid Res."56(1) (p.11-21) (2015) https://doi.org/10.1194/jlr.R055095

3) 池田郁男、菅野道廣『The Lipid』6(p.21)(1995年)

4) K. Seki, M. Hasuike-Seo, et al."Jpn Pharmacol. Ther."43 (10) (p.1473-1480) (2015)

5) 厚生労働省『日本人の食事摂取基準（2020年版）』(p.119) (2019年)

6) D.K. Tobias, M. Chen, et al."Lancet Diabetes Endocrinol."3(12) (p.968-979) (2015) https://doi.org/10.1016/S22138587(15) 00367-8

7) S. Chawla, F. Tessarolo Silva, et al."Nutrients"12(12), 3774 (2020) https://doi.org/10.3390/nu12123774

8) S. Watanabe, S.Tsujino"Front. Nutr."9, 802805 (2022) https://doi.org/10.3389/fnut.2022.802805

9) S. Saito, A. Mori, et al."Obesity"25 (10) ,1667-1675 (2017)

10) (公社)日本油化学会 トランス脂肪酸検討委員会『どう理解する：トランス脂肪酸と健康』(公社) 日本油化学会 (2011年)

11) N. Kromann, A. Green"Acta Med. Scand."208, 401-406 (1980)

12) 水上茂樹、五十嵐 脩 編『活性酸素と栄養』光生館 (1995年)

13) 厚生労働省「活性酸素と酸化ストレス」e-ヘルスネット (2021年) https://www.e-healthnet.mhlw.go.jp/information/food/e-04-003.html

14）近藤和雄、板倉弘重『第三の栄養学』ごま書房（１９９７年）
15）高橋久仁子『「食べもの情報」ウソ・ホント』講談社（１９９８年）
16）水産庁 水産物消費拡大実行計画会議 第２回（令和4年3月16日開催）配布資料 資料7（２０２２年）
https://www.jfa.maff.go.jp/j/study/attach/pdf/jikkoukeikaku-19.pdf
17）内山 充、松尾光芳、嵯峨井 勝 編『過酸化脂質と生体』学会出版センター（１９８５年）
18）G. Billek"Eur. J. Lipid Sci. Technol."102,（p.587-593）(2000)

第10章 油脂の取扱いと劣化防止

1 油脂の劣化の課題

油脂の劣化のなかでもっとも課題となるものは酸化である。油脂の酸化は、室温でも高温（調理温度）でも容易に起き、油脂の品質に大きく影響する。すなわち、油脂は保管時にも使用時にも酸化しやすい。一般的な食品では微生物汚染による劣化（腐敗）が最大の課題だが、油脂は水分が低い（0・1％未満）こと、微生物の増殖に必要な窒素源が存在しないことから、微生物汚染の可能性がきわめて低い点が特長である。

油脂の酸化のイメージを図表10―1に示した。油脂は数十種類のトリグリセリドの混合物で、酸化の際に酸素が結合する部位も複数なために、酸化による生成物も複雑である。酸化を促進する要因としては酸素、光、温度があり、加えて油脂中に微量に含まれる金属イオンや、揚げ調理での揚げ種からの溶出物や揚げカスが、酸化反応に関して触媒的な働きをすることが知られている。

油脂の酸化を防止するためにはこれらの促進要因を少なくすれば良いが、実際の保管・調理の場面では容易ではない。以下要因別に詳細を述べる。

2 油脂の劣化の促進要因

(1) 酸素

酸素は油脂の酸化の直接の原因となる物質である。空気中の酸素だけではなく、油中のわずかな溶存酸素も原因となる。したがって、油の保管の際にはなるべく酸素との接触を避けることが望ましい。

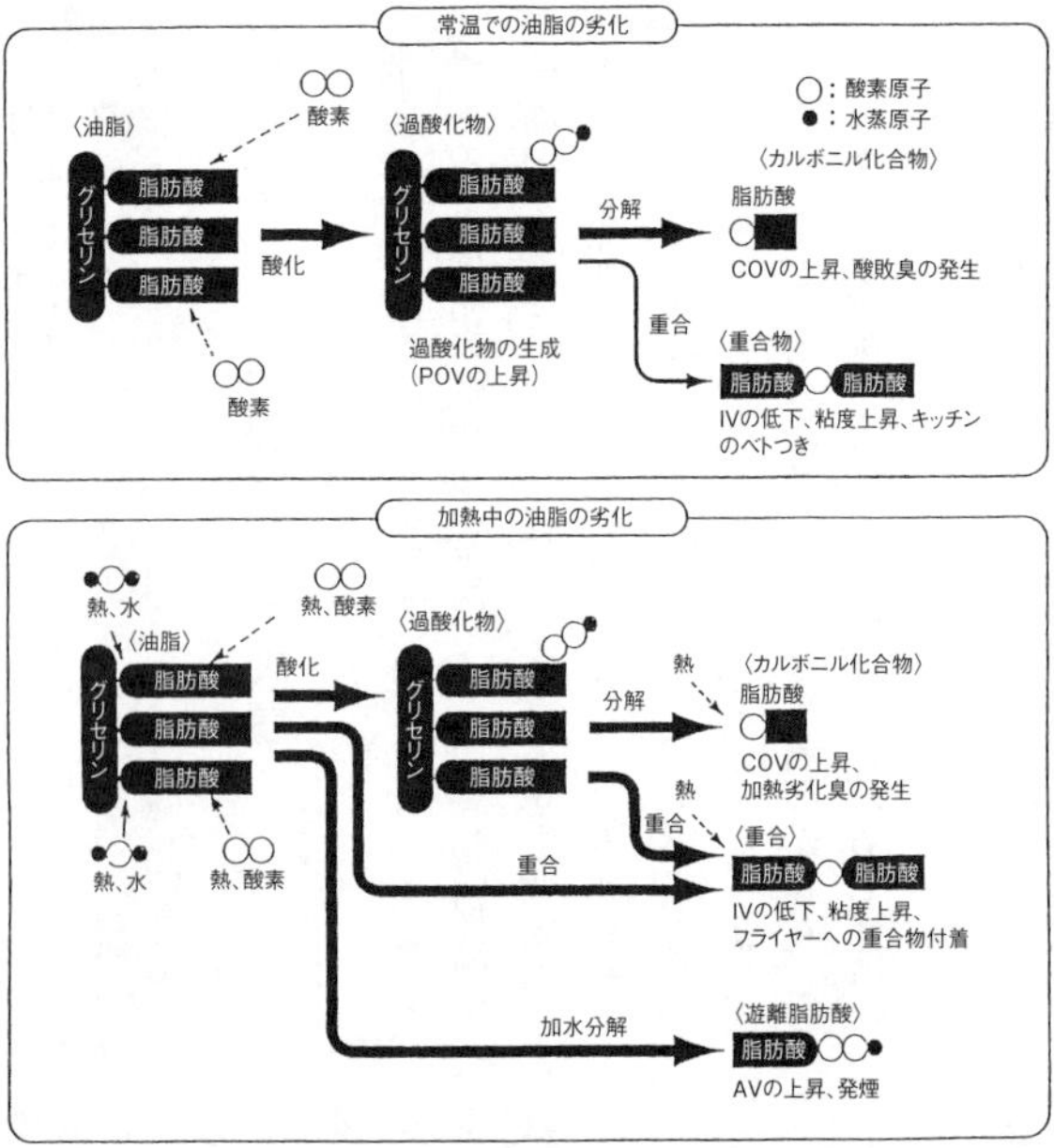

図表10－1　油脂の熱酸化と自動酸化のイメージ画

(2) 光

精製後の油脂であっても、極微量ではあるがクロロフィル等の色素、あるいはその分解物が残存する。これらの一部は光感物質として作用するため、光が存在するとヒドロペルオキシラジカルの生成が促進される。いったんラジカルが生成すると、連鎖的に酸化反応が進むことから、光の存在は酸化の速度に大きく影響する。

(3) 温　度

酸化の速度は温度が高くなれば大きくなる。１８０℃前後で行われるフライ調理や２００℃を超えた条件で行われる炒め調理時の油の酸化速度は非常に速い。そのため、これら調理時の不必要な過加熱を避ける、フライ作業時の空き時間に熱源を切る等の配慮が必要である。普段の保存は冷蔵庫に入れる必要はないが、なるべく冷所に置くこと。

(4) 促進触媒

① 金　属

金属は極微量であっても油脂の酸化に対して触媒的に作用する。とくに鉄と銅の影響が大きく、鉄では0.1ppm以上、銅では0.01ppm以上の濃度であれば影響するといわれている。油脂製造機器の材質に注意するとともに、精製工程で除去しなければならない。

② 酵　素

油脂の搾油・精製は原料に含まれる酵素を十分に失活させる条件で行われており、精製後には酵素の影響を心配する必要はない。ただし、米ぬかやパームのように搾油の前に酵素が作用すると、原油段階での遊離脂肪酸やジグリセリド、モノグリセリドの増加により収率が著しく低下し、最終製品での品質低下が起きることがあるので注意する。

③ 揚げかす

揚げかすが極端に油脂の酸化を促進することはないが、油中に放置されると油の着色を速める、揚げものに付着する等の問題が生じる場合があるため、こまめに取り除くことが重要である。

なお、揚げものに使用するバッター中に重曹（衣の花咲き性と食感を向上させる）が入っていると、アルカリ性のために油脂の加水分解を加速するので注意が必要である。

3 油脂の劣化防止法

(1) 酸素の遮断

前述のように、酸化の直接の原因物質は酸素である。このため油と酸素との接触を減らすことがもっとも有効な酸化防止の方法の一つである。

油脂メーカーでは、精製油を保管するタンクを窒素でシールして酸化を抑える操作が一般的に用いられる。タンク保管後の油脂製品は、業務用では金属容器、バッグインボックス（外箱が段ボールで内装がプラスチック）に、家庭用ではプラスチック容器やガラス容器に包装充填される。金属容器やガラス容器は酸素の透過性はないが、プラスチック容器では、わずかではあるが酸素の透過性がある。この酸素の透過性が保管中の油の酸化に大きく影響するため、できるだけ酸素を透過しにくくする工夫が重要である。

(2) 光の遮断

光の存在により酸化速度が増大することから、容器の材質は金属や着色のガラスなどの光を遮るものが好ましい。しかし、家庭用の商品では中身が見えることへの要望が強いため、完全に遮光された容器を用いることが難しい場合がある。遮光されていない容器に包装された油脂製品は、極力光があたらない場所に置くことが望ましい。

(3) 酸化防止剤の使用

① 酸化防止剤の役割

油脂の酸化を防止するためには酸素を遮断することがもっとも有効だが、実際には完全な酸素の遮断は難しい。その他の酸化促進因子についても完全に排除することは困難である。そこで、しばしば酸化防止剤を使用して酸化を抑制している。

酸化防止剤は、自動酸化の開始段階で生成したフリーラジカルに水素を与えて安定化させ、進行段階まで進まないように作用する。酸化防止剤は還元性の水素を分子内にもち、この水素をフリーラジカルに渡して自らは二量体等となって安定化し自動酸化

ROO・ ＋ AH → ROOH ＋ A・
（ラジカル）（酸化防止剤）（過酸化物）（ラジカル）

A・ ＋ A・ → A—A
（ラジカル）（ラジカル）（二量体）

図表10－2 酸化防止機構

を止める（図表10－2）。ただし、酸化防止剤の二量体化が進行すると、いずれ自動酸化の連鎖反応が起こるため、効果は自動酸化の進行を遅らせるにとどまり、酸化を完全に防ぐものではない。

② トコフェロール

油脂に使用される酸化防止剤の代表はトコフェロールである。トコフェロールはフェノール性の水酸基をもっており、これが還元性水素の供給源となることで酸化防止剤としての機能をもつ。一方でトコフェロールの過剰な配合は逆効果となる場合もあるので注意が必要である。

トコフェロールは4つの異性体の混合物（このためミックストコフェロールと称される）で、このうちγ体とδ体に酸化防止効果が大きい。一方、α体は、酸化防止効果が低いが生体内での生理活性は高く、α体の多いミックストコフェロールを配合した場合には、強化剤（ビタミンE）として扱うこともできる。また、パーム油に多く含有されトコフェロールと側鎖の構造が異なるトコトリエノールが知られるようになったが、酸化防止効果だけではなく、生理活性も注目されている。

一般的には、大豆油等の脱臭留出物が天然のトコフェロールの供給源として使用されている。油脂の精製の最終段階である脱臭工程で、留出物として分離除去されたものを精製して酸化防止剤として使用される。近年では化学合成品のトコフェロールも利用されている。

植物油脂はもともとトコフェロールを含有してい

るため、それ以上に追加しても効果はあまり顕著ではない。動物油脂（ラード等）は、微量だが高度不飽和酸を含みトコフェロールをほとんど含有していないため、トコフェロールを添加した際の酸化防止効果は大きい。図表10－3にトコフェロール添加量と酸化抑制効果の例を示した。

③ その他の酸化防止剤

トコフェロール以外の酸化防止剤としては、合成品のBHA（ブチルヒドロキシアニソール）やBHT（ブチルヒドロキシトルエン）、アスコルビン酸脂肪酸エステル等があり、既存添加物名簿収載品目リストにはセサモールやカンゾウ油性抽出物、没食子酸、ローズマリー抽出物等が記載されている。

その他、カロテン類は色素ではあるが、光酸化を抑制する消光剤（クエンチャー）として知られている。パーム油の原油にはカロテン類を多く含有しているが、精製工程でほぼ完全に除去されてしまうた

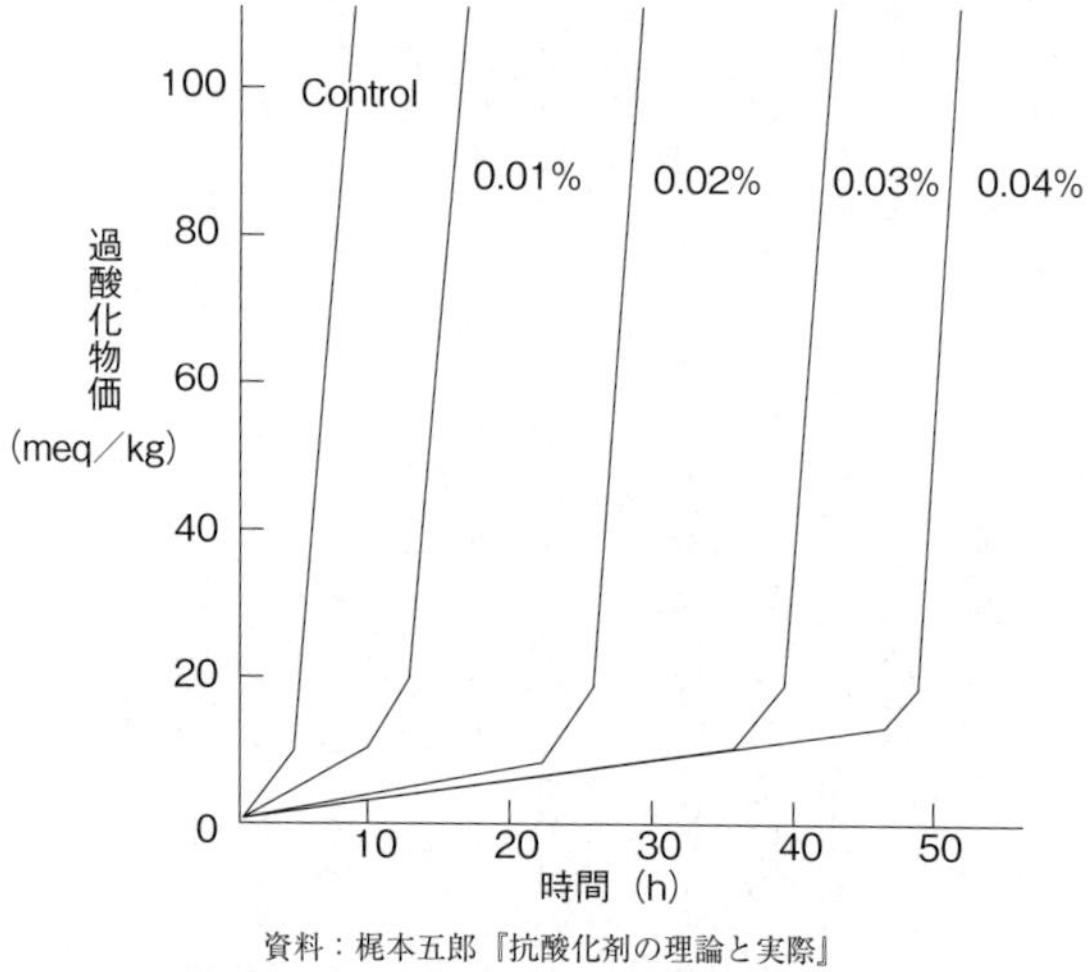

資料：梶本五郎『抗酸化剤の理論と実際』

図表10－3　トコフェロールによる動物油脂の酸化抑制

め、効果を期待することは難しい。そのため、あえて精製工程を軽く行いカロテンを残した製品もみられる。

④ 添加物利用上の注意

添加物の使用に際しては、食品衛生法上の使用量の制限や油への溶解性、添加した場合の風味の変化、JASにおける使用制限等を含め、よく調査する必要がある。また、海外で加工した食品を輸入する場合、使用されている酸化防止剤が日本国内で使用を認められているか十分に注意を払う。たとえば、アメリカや東南アジア、中国などで使用が認められ広く使用されている酸化防止剤TBHQ（ターシャリーブチルヒドロキノン）は、日本では食品添加物と認められていない。

(4) 保存上の注意

油脂を保存する際に酸化を防ぐ最良の方法は、光と酸素を遮断し品温をなるべく低く保つことである。ただし、品温を低くしすぎると、油の結晶の析出や固化といった問題が生じる場合がある。屋外タンクも直射日光が当たらない場所に設置したほうが品温の上昇を防ぐ意味では好ましいが、寒冷地では冬場の保温対策も併せて考慮する。

家庭用商品は、開封後キャップをしっかり締め、光の当たらない室温の低い所に保管する。キャップを締めずに保管してしまうと、異物の混入だけではなく、羽虫等の昆虫が入り込む場合がある。

(5) 使用上の注意

使用の際の具体的な操作については後述するが、適切な量の油を適切な温度で使用し、適時差し油を行うことが基本である。過加熱や空加熱（調理をしないのに加熱を続けること）をしないことも長持ちさせる上で重要である。また、火災予防の点から、フライ調理など油を加熱中は目を離さないこと。少量の油を加熱する場合は温度が上がりやすいので、調理中はコンロのそばから離れず、過加熱状態にならないよう火加減（ＩＨヒーターの場合は出力）を調節することがとくに重要である。

4　容器の品質への影響

(1) 影響因子

① 容器の種類

容器は油の酸化の速度に大きな影響を及ぼす。主に要求される機能には次のようなものがある。

・気体の非透過性
・耐湿性
・耐光性
・食品容器としての安全性
・強度
・美観

現在、植物油の流通用容器は、材質によって金属、プラスチック、ガラスに大別される。家庭用の商品ではプラスチックボトル、紙パック、ガラスびん、金属缶、業務用では金属缶（一斗缶）、紙容器（バックインボックス等）がある（図表10―4、図表10―5）。その他、加工用途など大容量の油を使用する業態にはドラム缶やタンクローリー車を使って運搬している。

フライ油を毎日継続的に使うレストランや惣菜加工業では、屋外にステンレス製の５００Ｌ程度を保管できる植物油専用貯蔵タンクを取り付けてローリー車で油を搬入。タンクから使用するフライヤーまで施された配管を通って、フライヤーのそばの蛇口をひねれば油がでてくるというミニタンクシステムが普及している。

図表10－4　容器の種類と素材

素　材	容器の種類	素　材
金　属	一斗缶ほか	スチール
紙	バックインボックス	内袋：LLDPE＋(LLDPE/ONY/LLDPE) 段ボール
	外装フィルム付きバックインボックス	外装：HDPE/LDPE 内袋：LLDPE/NY/LLDPE 段ボール
	家庭用紙パック	外装：コートボール 内袋：PET/EVOH/LLDPE
	ラミコンボトル	PE/EVOH/PE３層貼り合わせ
プラスチック	PET	PET

LLDPE：直鎖状低密度ポリエチレン　ONY：延伸ナイロン　HDPE：高密度ポリエチレン　LDPE：低密度ポリエチレン　NY：ナイロン　PET：ポリエチレンテレフタレート（熱可塑性飽和ポリエステル）　EVOH：エチレン・ビニルアルコール共重合樹脂　PE：ポリエチレン

図表10－5　油脂の保存性を１／２に減ずる金属量

金属	量（ppm）
銅	0.05
マンガン	0.6
鉄	0.8
クローム	1.2
ニッケル	2.2
バナジウム	3.0
亜鉛	19.3
アルミニウム	50.0

資料：小野ら「食用油脂製造技術」ビジネスセンター社

② 金　属

金属缶は、ブリキ、加工鉄板、アルミニウムなどが素材として用いられる。丸缶や角缶の形状のものが多く、400g～16・5kg缶がある。金属缶は強度に優れて通気性がなく、光の影響も受けないが、大容量缶は重いのが欠点である。また、保管中に外気の影響による結露の結果、サビが発生するといった問題もありうる。

③ ガラス

ガラスびんは家庭用の小容器に使用されている。かつては一升びんも使われていたが、現在はごま油やオリーブ油といったプレミアムオイルに用いられる。ガラスびんは通気性はないが、割れるという難点がある。透明の場合、光の影響も受けやすい。最近では、しゃれたガラスびんに入ったオリーブ油が食卓テーブルに長期間置かれたために光により酸化され、オリーブ油特有の色の退色と異風味のクレームとなる例がみられる。

④ プラスチック

プラスチック容器は軽量で扱いやすいが、金属缶やガラスびんと比較して酸素の非透過性の点で劣る。静電気を帯びるためホコリの付着も多い。植物油のプラスチック包装容器にはポリエチレン製、もしくは、ＰＥＴ（ポリエチレンテレフタレート）製が多く用いられる。気体の透過性の面ではＰＥＴ製が優れているが、ポリエチレン製の容器でもポリビニールアルコール共重合体やナイロンなど酸素の透過性の低い物質を樹脂層に挟み込ませ、気体の透過性を低くした容器が広く使用される。

また、ポリエチレン製容器の外観が乳白色であるのに対してＰＥＴは透明であることから、ポリエチレン製容器の方がガスバリヤー性は良く、紫外線透過率も低いため保存性が高いといった利点もある。

⑤ 紙容器

紙容器はプラスチックを内装にし、外装に紙を使った軽量な容器である。油を使用した後は分別化、折りたたみが可能で、ゴミの減量化がはかれる。家庭用でも環境問題対応商品として支持されている。最近では家庭用において詰め替え用として普及したパウチ容器をそのまま保存容器として使うケースや、ピロー包装された商品も流通しており、ゴミ発生量の低減に貢献している。

(2) 賞味期限

植物油の賞味期限は容器の種類によって異なる。これは容器の材質が植物油の品質に大きく影響を及ぼすからである。各商品の賞味期限は、製造者がその品質を科学的根拠にもとづいて評価・検討して定め、各製品に表示する。

科学的根拠とは、植物油を所定の保存方法のもとに置いたとき、保存後の植物油が以下の2つの基準（品質特性）を満たしていることである。

① 化学的分析値

保存サンプルの酸価、過酸化物価を測定する。基準は図表10―6のとおりである。

② 風　味

たとえば製造された直後の新鮮な油の風味を5点とし、以下、次のような判断基準をもとに保存サンプルを熟練したパネルが評価する。

5点……新鮮で非常においしい
4点……非常においしい
3点……おいしく食べられる
2点……ややまずい
1点……まずい

多数の保存サンプルをこうした方法で評価し、主

図表10－6　賞味期限の基準となる化学的特性

	酸　価	過酸化物価	論　拠
サラダ油	0.15	10meq／kg	酸価はJASサラダ規格
精製油	0.20	10	酸価はJAS精製油規格
その他の油			
なたね油	2.0	15	酸価はJASなたね油規格
ごま油	4.0	15	酸価はJASごま油規格
オリーブ油	2.0	15	酸価はJASオリーブ油規格
香味油	製造者にて設定	製造者にて設定	品質特性が多岐にわたるため

資料：日本植物油協会「食用植物油の日付表示に関するガイドライン」

に風味に重点をおき総合的に判断する。風味が5点法で3点を下回らない時点を賞味期限とするのが一般的である。

実際の植物油製品では缶・着色ガラスびんは2年、プラスチック容器・透明ガラスびん1・5年、紙容器（バッグインボックス）は1年となっている場合が多い。また、ごま油の場合は抗酸化成分のセサモールが含まれていることもあり、酸化安定性、風味安定性が良いので、これらより半年長く設定している場合が多い。

油脂製品の賞味期限の設定は、これらの点を踏まえ、製造者が設定している。賞味期限はあくまで未開封で表示方法にしたがって保存した場合の目安の期限であり、開封後は1~2カ月で使いきることが望ましい（図表10—7）。

5 保存方法

植物油保存時は、以下のような点を配慮する。

・高い温度になるところに置かない。
・空気（酸素）になるべくふれさせない。
・直射日光など、光のあたるところには置かない。
・植物油中に、揚げカスや水分を入れたまま放置しない。

植物油の酸化の原因となる熱、酸素、光、酸化促進物質の混入を防ぐことが必要である。以下に未開封新油、開封後、使用中など、各状態での保管方法を述べる。

(1) 未開封の油

包装された植物油においては容器の材質が品質に大きく影響を及ぼす。とくに、直射日光および高

図表10－7　植物油の賞味期間の例

容器の種類＼植物油の種類	サラダ油など	ごま油
缶・着色ガラスびん・紙容器	2年	2.5年
透明びん	1.5年	2年
プラスチック容器	1.5年	1.5年

温多湿を避けて保存すること。劣化要因の熱・空気（酸素）・光のなかでは光の影響がいちばん大きく、透明な容器の保存では暗所に置くことが好ましい。また、ガス台の側など高温になる場所に置くのも避けたい。

賞味期間については容器の材質によって異なり、前述のごとく風味と化学的な数値（酸価・過酸化物価）の変化が論拠になっているが、あくまで室温暗所に保存していると想定されたときの期間である。

(2) 開封後

開封後は、植物油と空気（酸素）がなるべくふれないようキャップやラップなどでシールして密閉し、虫や異物、水などが混入しないようにして暗所に保存する。開封後はなるべく早く、少なくとも1～2カ月で使いきることが望ましい。

(3) 使用油の保管

揚げ油は、揚げカスなどを取り除くためろ過をするか、揚げカス沈降後、上澄みをとるなどしてから保存容器に入れ、虫や異物が混入しないようにシールし暗所に保存する。

植物油のなかには、落花生油やオリーブ油のように低温で固まりやすい性質のものがある。水が0℃で凍結することと同様物理的な現象なので、ぬるま湯などに容器ごとつけるなどして温めれば、元の透明な状態にもどる。

6 フライ油の管理

(1) 油の選択

植物油の供給量からみて主に使われている油種は、なたね油とパーム油・大豆油である。植物油は油種により風味、加熱安定性、耐寒性などの特性は多岐にわたっており、揚げものの種類に適した植物油を選択することが望ましい。

適切な種類の植物油を選択すると同時に、品質が劣化していない油を使うことが必要である。『小規模な惣菜製造工場におけるHACCPの考え方を取り入れた衛生管理のための手引書』〈(一社)日本惣菜協会〉では、油脂の使用限界として、次の例をあげている。

・170℃未満の温度で煙が出るもの
・酸価が2.5を超えたもの
・カルボニル価が50を超えたもの
・発煙、カニ泡、粘性等が現れたもの

(2) フライ条件

フライ食品は揚げ油の種類・揚げ種・衣・油温・揚げ時間などによって品質が決まる。油を加熱しているときのフライヤーのなかの状況を図表10—8に示した。

フライヤー中の植物油は空気による酸化、水蒸気による加水分解、溶出物質による劣化、加熱による熱重合・分解などが同時進行している。こうした現象は、植物油の酸価、過酸化物価、カルボニル価、粘度の上昇、発煙、発臭、カニ泡、着色といった現象を引き起こす。品質の良いフライ食品をつくるには、こうした植物油の劣化だけでなく総合的に判断することが必要である。ポイントを以下にあげる。

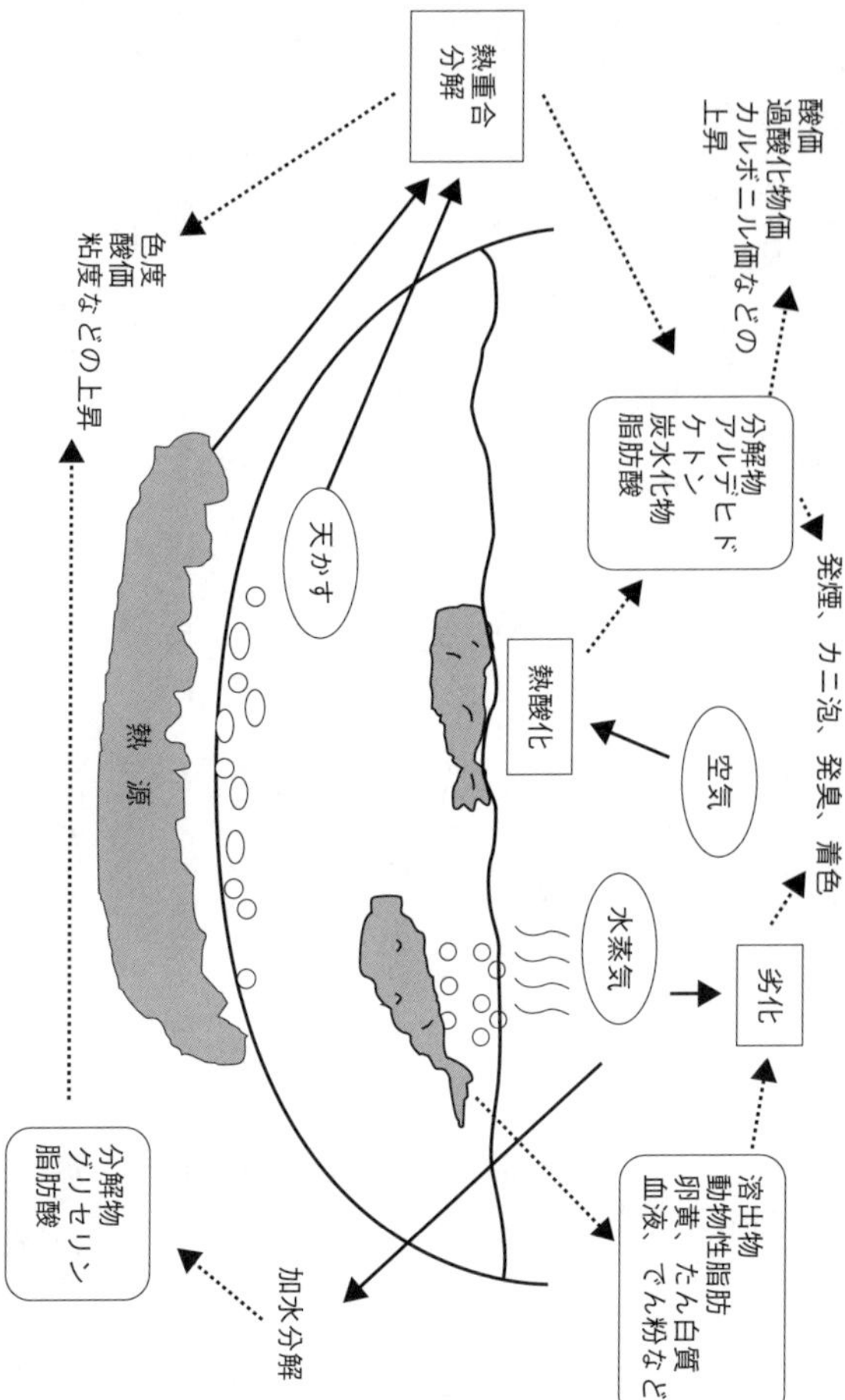

図表10－8 フライヤー中の植物油の加熱劣化

① 素　材

素材に関しては、新しい植物油を使い、衣は粘り気（小麦粉中のグルテン）を出さないように混合し揚げ種も新鮮なものを使うことが望ましい。また、揚げ油に溶出する物質が劣化を促進するため、揚げ種によってフライヤーを分けるか、揚げる順序を工夫する。一般に揚げ油を汚さないためには、初回は野菜などの天ぷら、次は魚介類・肉類の天ぷら、つづいてフライもの、そして鶏や魚のから揚げ、といった順序にすると良い。また、揚げカスも油にとっては劣化の原因となるので、揚げ作業の終了後だけではなく、作業中にもこまめに取り除く。

② 揚げ温度の管理

揚げ油の温度に関しては、油自体の熱酸化だけでなく、フライ食品の食感にも影響を及ぼすため、十分に配慮する。油の温度を高くしすぎない、油の量に対して揚げ種は少な目にし、揚げ種投入後の油の温度降下を小さくする。通常の揚げ物は160～180℃の油温で揚げるが、油の温度が高いと揚げ物の外側ばかり焦げて、揚げ種まで火が通らないことがある。

フライ食品をおいしく揚げるためには、フライ油の温度と併せてフライ時間を適正な範囲で保つ。適正な油温とフライ時間は、揚げ種によって異なる。油の量に対して揚げ種の量が多すぎると、フライ油の温度降下が起きる。その場合、適正なフライ時間よりも長い時間揚げることになり、適正な油温とフライ時間で揚げたフライ品と同等の風味や食感を得ることは困難である。

フライヤーの温度については、付属のセンサーで自動的にコントロールするものも多いが、設定した温度と実際の油温に差があったり、温度センサーの周囲の汚れにより感度が低下したりして設定温度とは大きく異なる温度で揚げ作業をしている例もあるため、別の温度計を常備してときどき温度センサーの精度を確かめることも管理のポイントとなる。

③ 泡立ちについて

揚げ物をしているときに発生する泡立ちには、次のものがある。

・揚げ物から出る水蒸気の泡……すぐに弾けて消える泡で、通常どのような揚げ物をしてもみられる。

・レシチン（リン脂質）による泡……おもに鶏卵、カキ、魚介類、肉類等から油に溶け出たレシチンが原因となる泡で、大きく消えにくいのが特徴。新しい油、劣化した油のいずれにおいてもこのような種物を入れると発生するため、劣化の現象ではない。

・劣化による泡（カニ泡）……かなり加熱劣化がすすんだ油にみられる。油面には、小さくて消えにくい泡、カニが泡をふいたような様子がみられる。油の劣化の程度を示す目安となる。

(3) フライ機器

① フライ調理器具

フライ調理用の器具は次のような項目を満たしていることが望ましい。

・器具の油脂に直接接触する部分は、アルミニウム、ステンレス等油脂の酸化促進に影響の少ない材質であること。

・揚げ処理に用いる器具は、フードまたはフロート等を設けるなど揚げ処理油と空気の接触面積を少なくする措置が施された構造のものであること。

・揚げ処理に用いる器具は、揚げ処理油の温度を正確に管理するための加熱調節装置を有すること。

② フライヤーの選択

現在では、温度コントロールのあるフライヤーが広く普及している。フライヤーは熱源の種類で大きく分けるとガス加熱、電気加熱、電磁誘導加熱タイプがある。フライヤーの形状、加熱方式によってフライ油の劣化の程度が相違することが経験上知られているため、フライヤーの選択には大きさとともに熱源や加熱方法も考慮する。

フライヤーの材質はステンレスが多く、電気式のヒーター部などにアルミニウムが使われている。

一般的に電気フライヤーは作業面積の割合に比べて油の容量が小さく、ガスフライヤーは大きい傾向にある。同じフライ作業量であれば、電気フライヤーの方が回転率は高くなり、油の熱酸化も小さい場合が多い。

容量が同じ場合は、フライヤーの電熱面付近の油の温度がどの程度まで上昇するかが大きく影響する。電気式、ガス式、電磁式フライヤーで、設定温度を180℃にした場合のヒーター表面の平均温度を測定した結果、電気式フライヤーは平均338℃（最高温度385℃、温度範囲77℃）、ガス式フライヤーでは平均270℃（同340℃、123℃）、電磁式が平均235℃（同264℃、48℃）だった。ヒーターの表面温度が高くなるほど、熱酸化が進むことが想像できる。したがって、電熱面の温度が比較的低い電磁式フライヤーの場合が熱酸化は少ない傾向にある。

(4) フライ作業終了後の油の管理

① 疲れた油

フライした油をろ過することは、油の劣化を防止することと、フライ品への揚げカスの付着を防止する意味もある。ろ材は目が細かいほど効果が大きいが、ろ過に時間がかかる。また、強制循環式の電気ろ過機を使う場合には、空気の巻き込みが少ない方が良い。

ろ過も何回か行い、繰り返し使用して「疲れた油」には、以下のような現象がみられる。

・着色……揚げ色が強くつく。

・泡立ち……小さく消えにくい泡が多くなり、泡立ちが激しく油面全体に広がる。
・発煙……揚げ物をしていないときでも油面から煙が継続的に出る。
・粘り……油に粘りが出て、（油温が低いと）トロッとした状態となる。
・臭い……揚げ物自体の風味が悪くなる。

このような状態になった植物油を再生させる方法はないので、廃棄する。

② 揚げカスの処理

フライ後には植物油だけでなく、揚げカスなどの処理も適切に行う。揚げカスに余熱がある状態で熱放散の悪い容器に大量に入れておくと、揚げカスが蓄熱して酸化が起き自然発火することがある。揚げ終了から数時間たった後でも発火するケースがあり、揚げカスの処理には次のことに注意を払う。

・揚げカスを重ねないようにし、放熱しやすくする。
・揚げカスの表面を油や水でぬらし、温度を下げ、必要に応じて密封して空気を遮断する。

(5) 差し油

差し油をすることで、油の加熱劣化指標である酸価の上昇を遅らせ、結果的に長く使える。しかし、魚介類、畜肉類などの揚げ種のにおいがすでに揚げ油に移っているケースもあるため、風味をみながら廃油時機を決めることも重要である。

差し油量を数値的に表したのが新油添加率または回転率で、揚げ作業1時間当たりの新油の入れ替わり量（%）で表わす。差し油の効果は、差し油する率（油の回転率）をいかに高めるかにある。差し油する率は高い方が望ましいが、揚げ物の種類や揚げ量に関係する。たとえば、天ぷらはフライやから揚げよりも油の減りが大きく、フライと天ぷらでは、天ぷらを揚げた油の方がより油の回転がはやくなる。一般的な目安としては、回転率10％以上ならば廃油がほとんど出ないとされる。

レストランなどでは、揚げる作業がない時間帯でも継続して加熱する、いわゆる空加熱の状態にしているケースが多いが、この状態では油はまったく回転しておらず、熱酸化がすすんでいるだけである。したがって、揚げ作業のない時間には加熱を行うべきではない。差し油と品質について図表10―9、図表10―10に示す。

7 油を使用した食品の管理

油を使用した食品は揚げ物、惣菜、菓子、豆腐加工品など多岐にわたっている。こうしたものの品質を決定づけるのも、使用した油の品質が大きくかかわっている。たとえば、揚げ物の惣菜に使用するフライ油に関しては酸価と発煙点やカルボニル価、泡立ちが、また、油菓子・油揚げは、製品から抽出した油分の酸価と過酸化物価が評価されている。しかし、これらの化学的数値に加え、官能的に評価することも大切である。

⑴ 惣菜類のフライ油

前述の「小規模な総菜製造工場におけるHACCPの考え方を取り入れた衛生管理のための手引書」において、加熱調理での注意事項として「揚げ調理においては古い油を使用していると油臭さや食中毒の原因となる恐れがあるため、必要に応じて、再利用する場合の基準や使用限界を設けます。」とされている。油脂の使用限界(例)は当章6「⑴ 油の選択」で述べた通り。

酸価やカルボニル価を公定法（「基準油脂分析試験法」(日本油化学会編)）に則り分析するためには、器具や試薬を用意した上で、ある程度熟練を要する

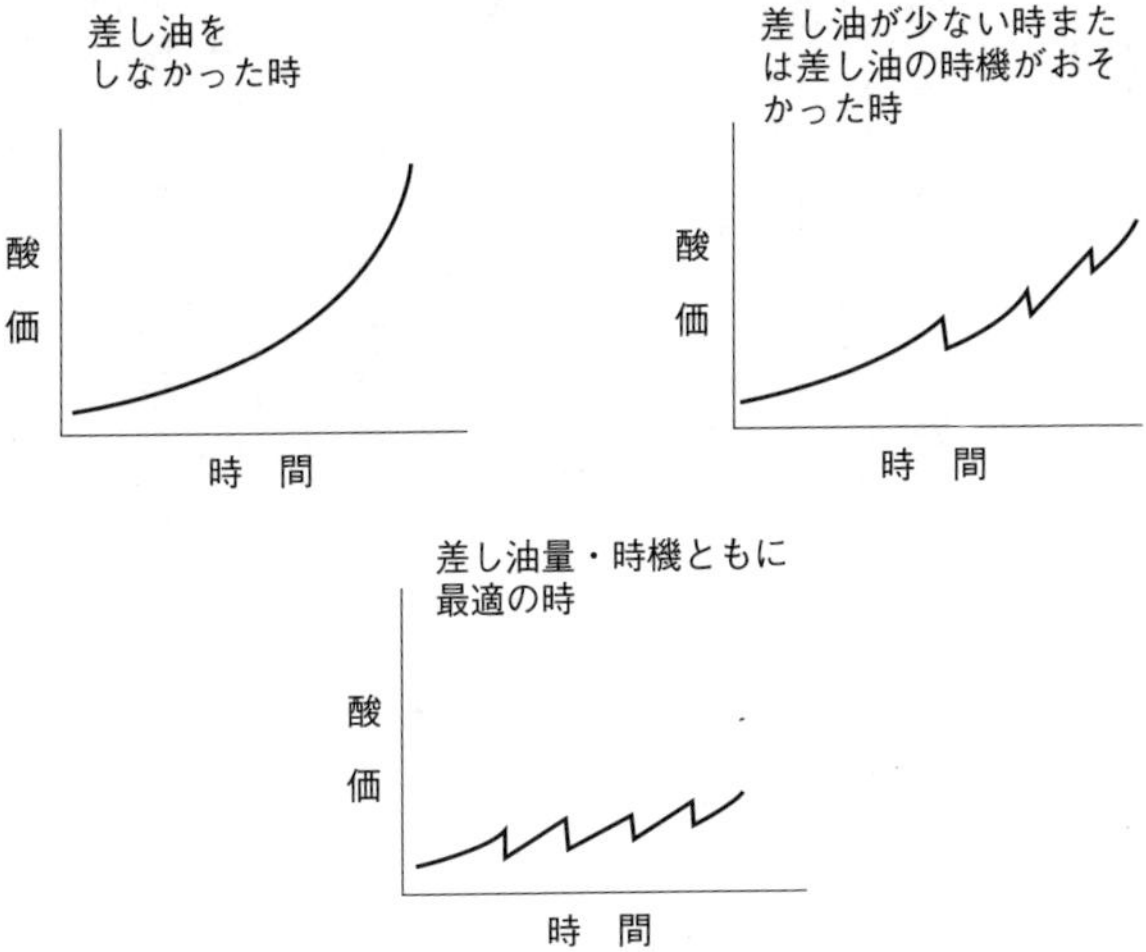

資料：日本植物油協会『植物油と栄養』

図表10－9　差し油と酸価の変化

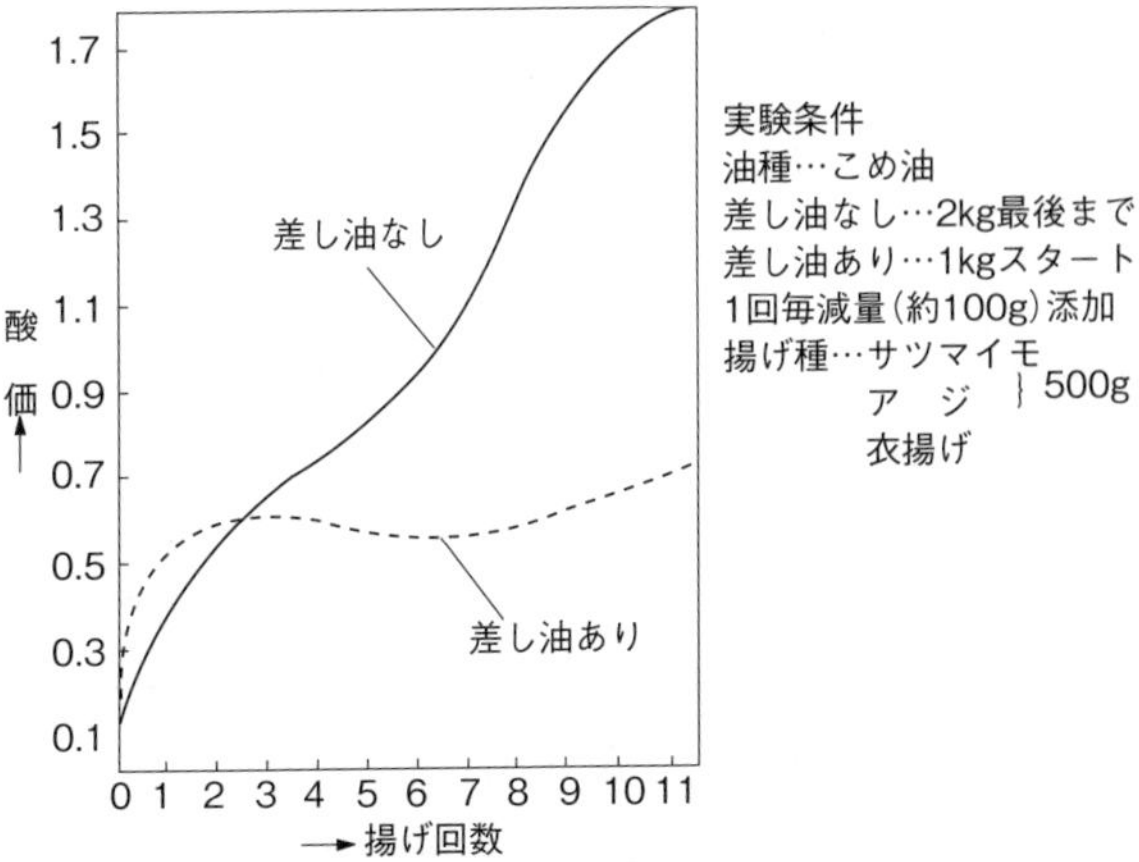

資料：松本『食品と科学』増刊号、22（1980）

図表10－10　差し油の影響

滴定操作を実施する必要があり、現場でこれらを分析することは難しい。近年では、複雑な機器を必要とせず、操作も簡単な酸価測定キットがいくつか開発され市販されている。

(2) 油菓子の品質

油菓子の品質の管理に関しては、原料の種類と貯蔵、保管、製造における品質管理、最適包材の選定、流通など総合的な視点が求められる。食品衛生法では、油菓子に対して「菓子の製造・取扱いに関する衛生上の指導について」(環食第248号・昭和52年)で以下のように定めている。対象は「油脂で処理した菓子で油脂分を粗脂肪として10%(重量%)以上含むもの(以下油脂で処理した菓子)」である(図表10—11)。

・油脂で処理した菓子は、その製品中に含まれる油脂の酸価が3を超え、かつ、過酸化物価が30を超

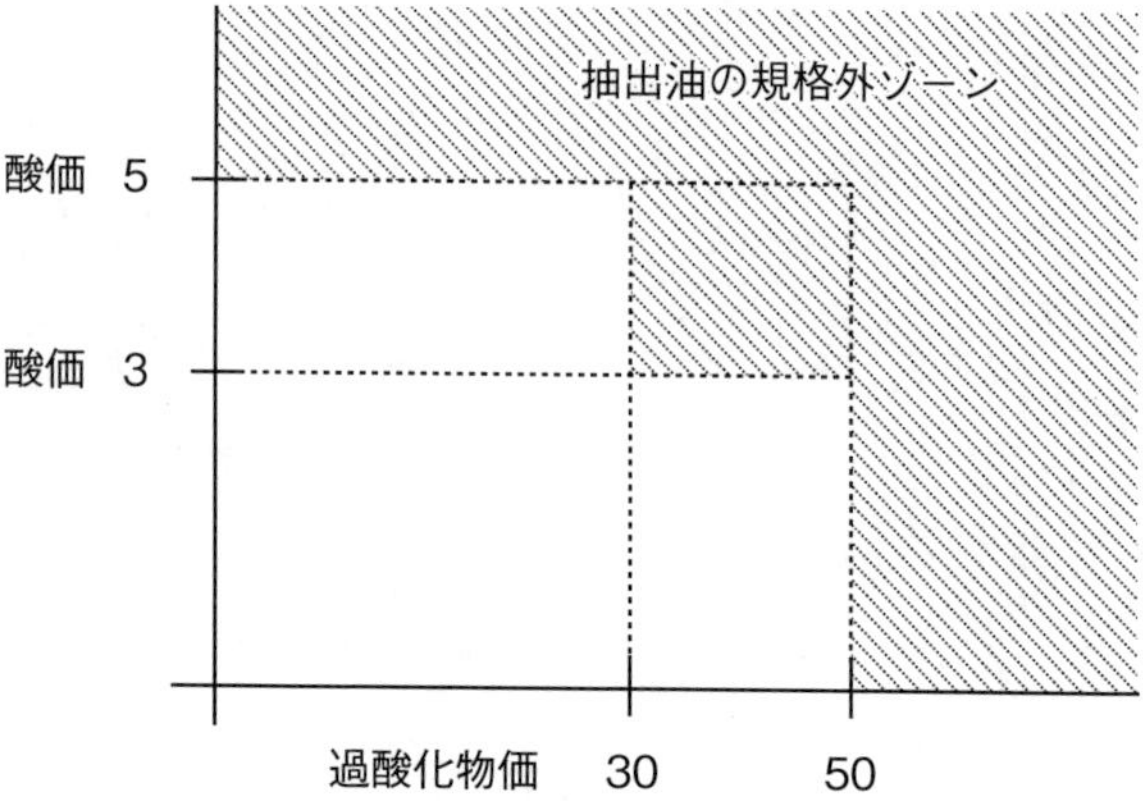

資料：松本『食品と科学』増刊号、22（1980）

図表10－11
食品衛生法における油菓子中の油脂の基準

えるものであってはならない。

・製品中に含まれる油脂の酸価が5を超え、または過酸化物価が50を超えるものであってはならない。

(3) その他の基準

即席めん類について、めんに含まれる油脂の変敗による食品衛生上の危害防止の観点から、油脂の古さ、使用歴などを示す酸価と、油脂の酸化過程で生成される過酸化物量を示す過酸化物価とを指標として規格が定められた。指標の数値は過酸化物の生成過程における誘導期間がかなり長いこと、および誘導期間を過ぎた場合の過酸化物の生成が速やかであることなどが考慮されている。

食品衛生法施行規則（環食第52号・昭和52年）では、「含まれる油脂の酸価が3を超え、又は過酸化物価が30を超えるものであってはならない」としている。

即席めんの日本農林規格（農林水産省告示第489号・平成28年）では、「油処理により乾燥したものの油脂にあっては、1.5以下であること。」と示されている。

(4) 油の選択

フライ油の選択と同様に、風味、加熱安定性、保存性、耐寒性などの特性に注目することが必要である。とくに、多価不飽和脂肪酸を多く含むヨウ素価の高い油は、加熱安定性が低いことからフライ油としては適さない。

(5) 包　装

油脂製品の包装について、食品衛生法（環食第248号）の「油脂で処理した菓子の容器包装及び表示につい留意すること。」の一つに「長期流通する菓子にあっては、遮光性を有し、かつ、気体透過性の少ない容器包装を用い密封する等油脂の変敗を抑制するための措置が講ぜられたものであること。」と示されている。

植物油の酸化による品質の劣化を防ぐために、原因である温度、酸素、湿度、金属イオン、光などを遮断する。包装資材は、植物油の容器と同様に次の機能が求められる。

・気体の非透過性
・耐湿性
・耐光性
・食品容器としての安全性
・強度
・美観

一般に油菓子は多孔質である場合が多く、袋内の酸素で十分に酸化が進行する。したがって、気体の非透過性が優れている包材を用い、ガス充填包装（窒素など）や脱酸素剤を入れた包装を行うなどして、袋内の酸素濃度を下げる。酸素濃度は1％以下が望ましいが、多孔質の菓子の場合ガス置換率が下がるなどに配慮し空気量と脱酸素材の能力を計算する（図表10―12）。

(6) 保存方法

食品衛生法では「油脂で処理した菓子の管理については、直射日光および高温多湿を避けて保存する等製品の取扱い上必要な事項を表示すること」とある。

光が油の酸化を促進する主要因であるが、直射日光のような強い光だけでなく、店頭の蛍光灯にも配慮する必要がある。すなわち、包装の透明部分を減らす、着色によって不透明にする、アルミ蒸着フィルム包装にするなどの対策が考えられる。

また、流通・販売時の温度も重要である。一般に温度が10℃上昇するごとに酸化速度は2倍になるといわれる。直射日光はもちろん、温度の高くなる場所は避けて保管する。

8 植物油と火災

植物油は加熱を続けると油温が上昇し、発煙、引火、燃焼といった現象を引き起こす。油の温度とそのときの状態を図表10―13に示した。

温度コントロールのできないフライヤーや鍋を使用するときには、加熱している場所から離れないようにする。天ぷら火災に関する消防庁通達（消防予第21号、昭和57年1月25日、消防庁予防救急課長（達））を要約すると、以下のような点にもっとも注意を払うこととしている。

① 油そのものに火がつく

油は加熱し続けるとどんどん温度が上がり、火が

図表10―12　ノズル式ガス充填包装機による落花生製品の酸化防止効果（POV）

保存日数	炒り製品		揚物製品	
	空気包装	N_2 ガス包装	空気包装	N_2 ガス包装
0	3.4	3.4	4.7	4.7
30	38.1	3.9	33.5	3.0
60	49.5	5.1	46.0	3.7

資料：太田静行『油脂食品の劣化とその防止』（p.353）幸書房（1977）
注　：包装フィルム：KOP # 6000-PE40、包装時酸素濃度：2.06%。
保存条件：37℃、暗所。

図表10―13　植物油の引火点など

	油　温	油の状態
発煙点	230～240℃	煙が出始める
引火点	300～315℃	燃焼は継続しないが火が油面をはしる
燃焼点	350～365℃	口火を近づけたとき少なくとも5秒燃え続けたときの温度 口火がなければ発火することはない
発火点	390～405℃	口火がなくても自然に発火する温度

つく。これは、ガスコンロの火が鍋の外から伝わって火が入るのではなく、油そのものが燃えている状態である。したがって、弱火にかけていても油温が上がり発火するので、揚げ物をしているときには火のそばから離れない。

② 油の温度は容易に上昇する

市販されている植物油の引火する温度は320℃以上である。これは一般に家庭で使用する油の量（500〜1000g）を家庭用ガスコンロにかけて20〜30分たった温度で、揚げ物をしているときの温度（約180℃）から10分ほどで到達する。しかし、油量、鍋の形体、加熱方法により、短時間でも発火することがある。

〔参考資料〕

・太田英明 編『食品鮮度・食べ頃辞典』（502頁）サイエンスフォーラム（2002年）
・北川ら『油化学』41,10,1071（1992年）
・Masayoshi Sakaino"Scientific Reports"12,12460 (2022)

第11章 油脂の加工と利用

1 油脂の加工技術とその利用

(1) 水素添加

① 水素添加の目的

油脂の水素添加とは、図表11－1に示すように油脂中にある不飽和脂肪酸の二重結合部分に水素を付加して飽和化する操作のことを指す。したがって、水素添加された油脂は見た目上硬くなる（融点が上昇する）ので、硬化反応とも呼ばれる。水素添加によって得られた油脂を硬化油、食用に供するものは食用硬化油と呼ぶ。

たとえば、大豆油やパーム油を水素添加したものはそれぞれ食用大豆硬化油、食用パーム硬化油となる。

食用硬化油は適度な硬さを必要とするので部分的に水素添加されたものが多い。完全に二重結合すべて水素添加されたものは特殊なものとして扱い、極度硬化油と呼んでいる。水素添加を行う目的として以下のようなことがあげられる。

・使用温度帯で好ましい硬さの付与。たとえば、マーガリン用油脂における塗布適正改良。

・製品の安定性の向上、たとえば二重結合の飽和化による酸化安定性向上。

いずれにおいても、限られた

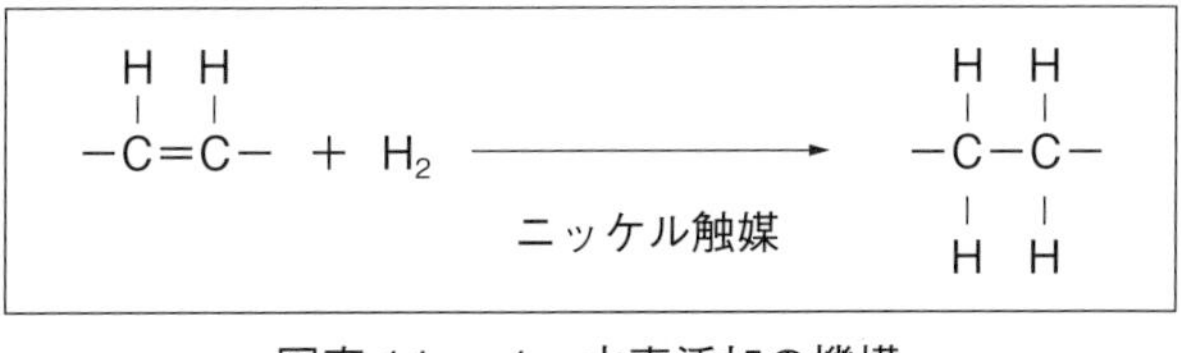

図表11－1　水素添加の機構

資源を有効に利用する上で水素添加は重要な加工技術である。

②水素添加の方法

水素添加の方法としては、ニッケルのような金属触媒を用いて、ある圧力の水素を油脂に吹き込みながら温度をかけて水素を油脂に付加していく。

実際に製造されるプロセスの概略は次の通り。原料油を撹拌機付きの反応釜に導入し、対油0・05〜0・20％の触媒を投入した後、ゲージ圧で0・5〜5・0kg／cm²の水素圧を保ち、140〜190℃で反応を行い、反応終了後製品を抜き出す。その後、触媒をろ過によって除き、さらに活性白土とクエン酸を投入して残存触媒、不純物を除去して硬化油を得る。

③選択的水素添加

一般に、水素添加を受ける容易さは脂肪酸基の不飽和度の増加とともに増大する。すなわち、オレイン酸、リノール酸、リノレン酸では、リノレン酸がもっとも水素添加速度が速く、オレイン酸がもっとも遅い。

この脂肪酸基の反応速度は、水素添加の反応条件すなわち反応温度、水素圧、触媒量によって調整可能である。

主にリノール酸、リノレン酸を水素添加しオレイン酸を残そうとする反応条件を選択的水素添加、均一に水素添加を行う反応条件を非選択的水素添加と呼んでいる。これら反応条件の使い分けは目標とする食用硬化油の物性による。一般的には同じヨウ素価の硬化油を得る場合、選択的水素添加を行うと非選択的水素添加に比べて融点が低く、かつ酸化安定性の良好なものが得られやすくなる。

④異性化反応

水素添加の反応においては、二重結合が飽和化されずに異性化と呼ばれる反応も起こる。反応には位置異性化と幾何異性化の2種類がある。

位置異性化は二重結合の位置が変わる異性化のことである。水素添加の触媒は水素原子の付加が主な仕事だが、油脂からの水素の引き抜きも行うことがある。一つの水素原子を二重結合に付加した場合、付加された脂肪酸基はラジカルの状態となっており、このとき触媒により水素添加された隣の水素が引き抜かれてしまうと、その部分が二重結合を再形成し二重結合の位置が一つ移動した位置異性体が生じる（図表11―2参照）。

幾何異性化は、二重結合が天然型のシス型からトランス型に変わることをいう。水素添加の条件によってはラジカルの状態での存在時間が延長され、その間に単結合になった炭素同士自由回転が起こるので幾何異性体が生じる（図表11―3参照）。幾何異性化は得られる硬化油の物性に大きな影響を及ぼすので、重要な反応である。つまり、幾何異性化を

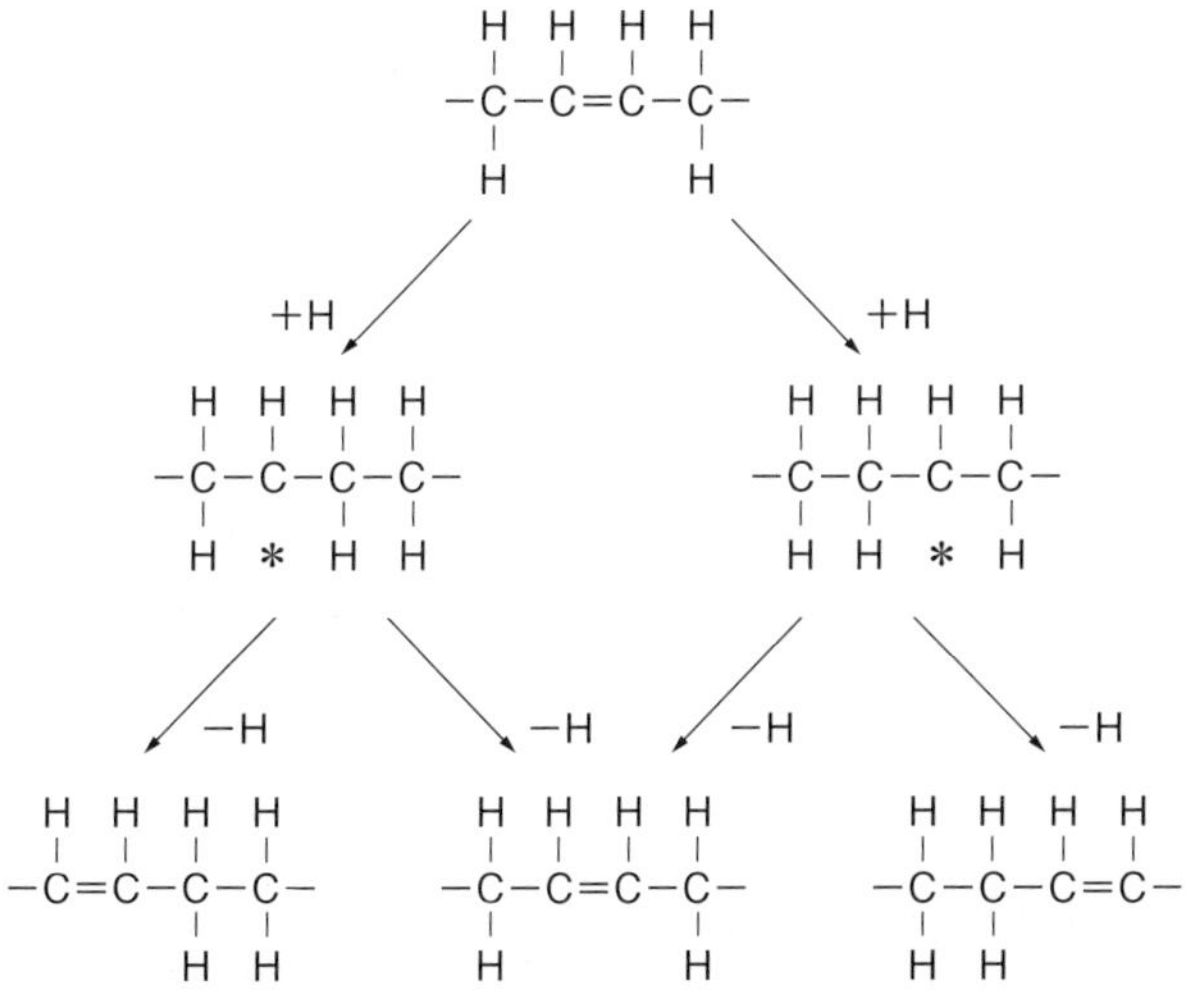

図表11－2　水素添加による二重結合の移動

起こすと二重結合数が同じでも硬さ（融点）が異なる。オレイン酸を例にとると、オレイン酸の二重結合がトランス化した幾何異性体はエライジン酸だが、オレイン酸の融点約11℃に対してエライジン酸は約45℃もある。

⑤ 選択性と異性化の関係

以上のように、水素添加の条件により選択性が変わるために得られる硬化油の物性が大きく変化する。水素添加条件と選択性、異性化（主に幾何異性化）との関係を大まかにまとめると、以下のようになる。

・反応温度や触媒量を上げると、触媒付近での水素濃度が低下し、選択性が向上して異性化が起こりやすくなる。

・水素圧を上げると油脂への溶解水素量が増加して触媒付近の水素濃度が高くなり、選択性が低下し異性化も起こりにくくなる。

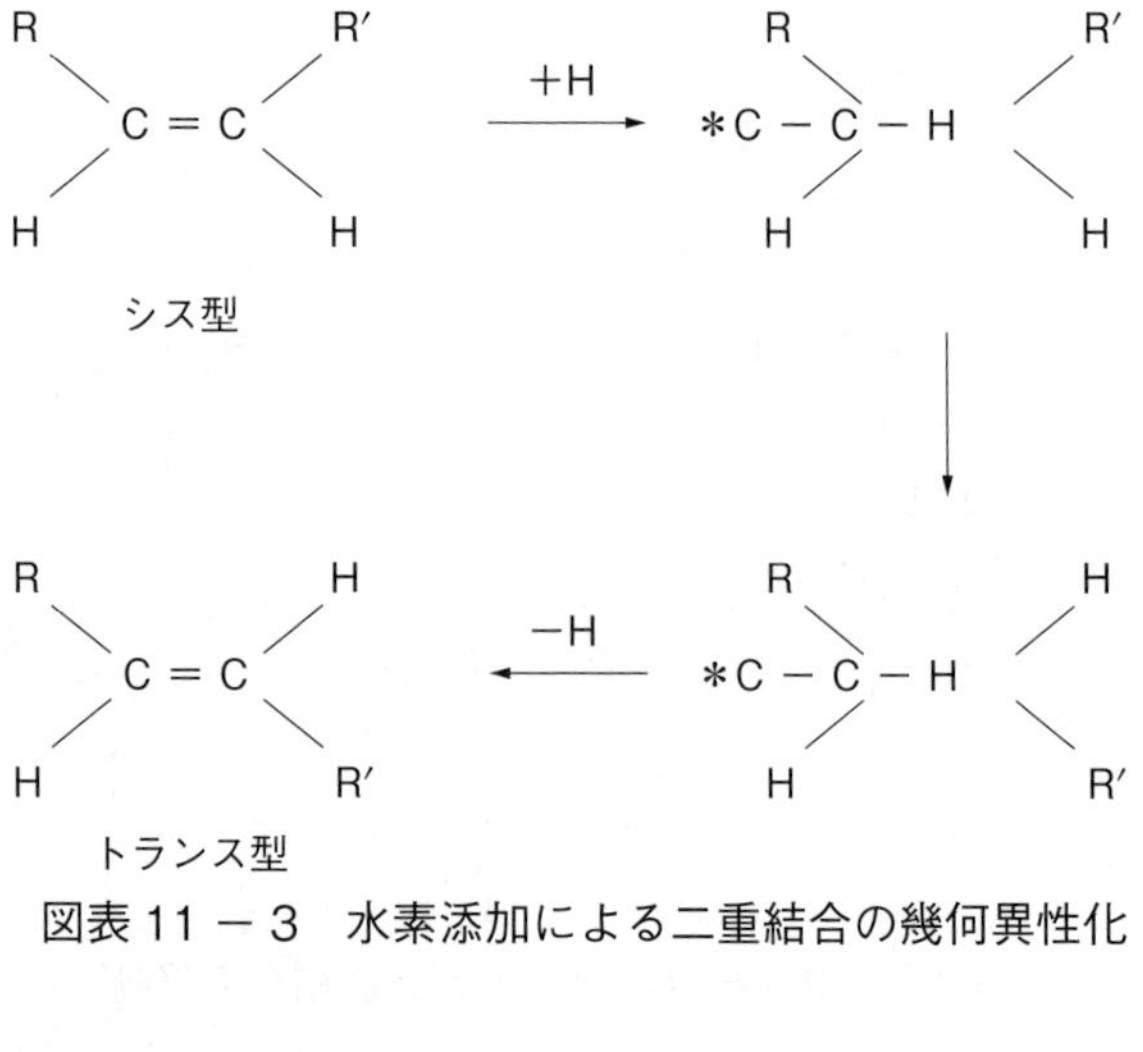

図表11－3　水素添加による二重結合の幾何異性化

このように選択性と異性化の関係は、選択性が向上すると異性化が起こりやすくなる。異性化が進むと油脂の分子種も増加し、微細な結晶となる。

⑥ 選択硬化

図表11－4に大豆油を同じヨウ素価まで選択硬化した場合と非選択硬化した場合のＳＦＩの曲線を示した。選択硬化した大豆硬化油Ｂは非選択硬化した大豆硬化油Ａより低温度域では固体脂の含量が高く、高温度域では逆に低い。つまり、大豆硬化油Ｂは Ａより固体脂含量の変化が大きい。この現象は選択硬化によって異性化した融点の高いトランス酸が大豆硬化油Ｂで多く生じたためである。このように硬化方法を調整することで、物性調整が可能になる。

これらの処理で得られた硬化油の主たる利用方法はマーガリンやショートニングであり、後述する。

トランス型異性体は、摂取量が多い欧米では心疾患との関連性が話題になっていて、米国では

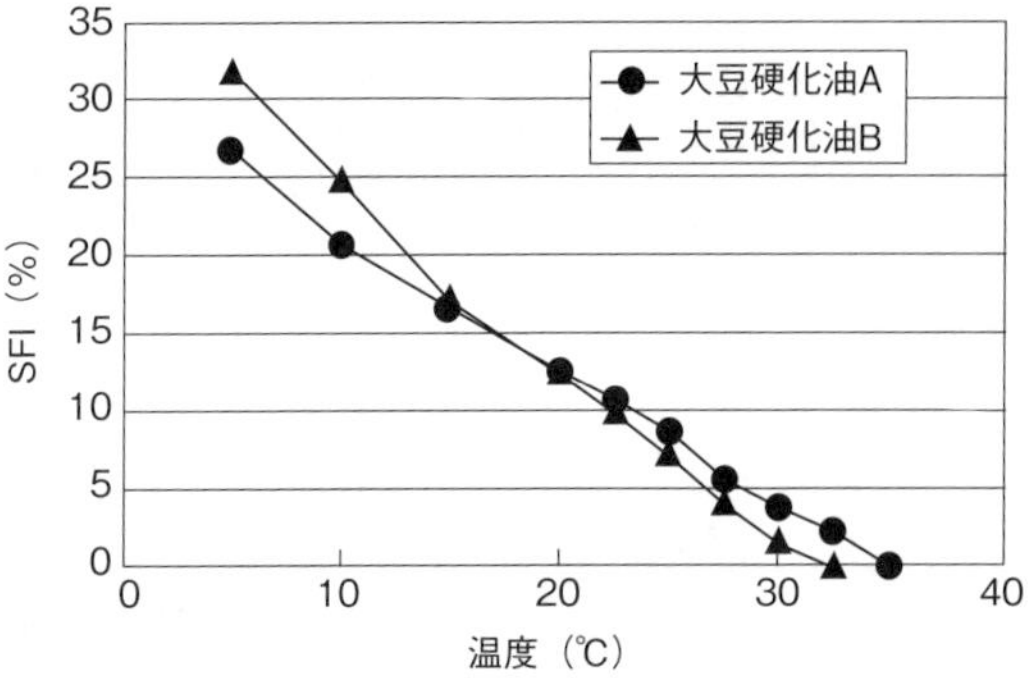

	非選択硬化 大豆硬化油A	選択硬化 大豆硬化油B
反応温度（℃）	180	200
ニッケル触媒（%）	0.2	0.3
水素圧（/áp²）	2.0	0.2
融点（℃）	27.3	30.2
トランス酸含量（%）	42.4	52.3
ヨウ素価	84.9	84.7

図表11－4　大豆油の選択硬化と非選択硬化

2006年1月から食品に含まれるトランス脂肪酸の含量表示が義務づけられた。また、18年6月から部分水素添加油脂の食品への使用を規制。WHOの推進[1]もあり、世界では157カ国で各種規制が開始されている。日本人の大多数は、もともとトランス脂肪酸の摂取量が欧米よりも少なく、通常の食生活では健康への影響は小さいとの評価書が食品安全委員会より出されている[2]。

(2) エステル交換

① エステル交換反応

一般に油脂のエステル交換反応とは、トリグリセリドの結合脂肪酸を分子間あるいは分子内で再置換、再配列し、グリセリンに結合している脂肪酸の結合位置を変化させる工程である。これにより油脂の物性の改質を行う。

エステル交換反応の方法は、触媒としてナトリウムメトキシドのような化学触媒を用いる化学的エステル交換法と、リパーゼ酵素を触媒とする酵素的エステル交換法の2種類がある。これらのエステル交換法は、求める油脂物性に応じて選定される。一般的には、ランダムに脂肪酸を配列して分子種を増やす場合には化学触媒が、限定した構造をもつ油脂を作製する場合は酵素法が使用される。近年では、ランダム反応でも排水を出さず環境に優しい加工法として酵素法が普及しつつある。

化学的エステル交換とトリグリセリドの1、3位に特異性のあるリパーゼを用いた酵素的エステル交換によって得られる理論的分子種数の比較を図表11―5に示した。

両エステル交換法の間でもっとも異なることは、得られる分子種の数にある。仮にA、B、Cという3種の脂肪酸から構成されるトリグリセリドを分子内エステル交換した場合に、酵素的エステル交換で

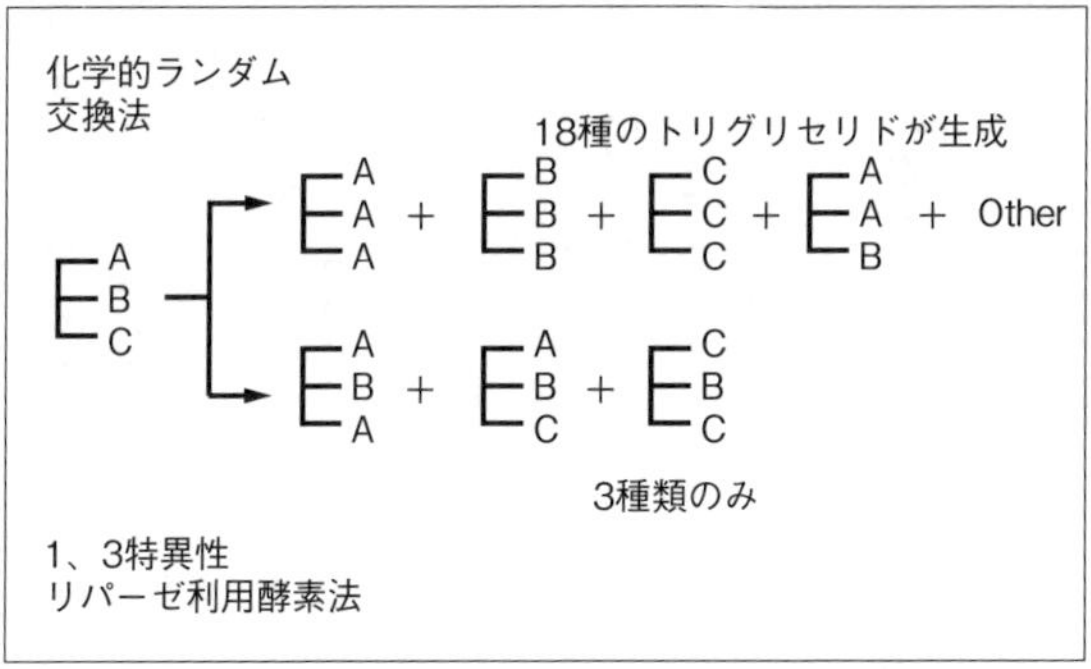

図表11－5　化学的ランダムエステル交換法と酵素的エステル交換法の差

は3種類のトリグリセリドしか生成しないが、化学的エステル交換では18種類ものトリグリセリドが生成する。このことから酵素的エステル交換法は目的とするトリグリセリドが高収率で得られるという利点がある。

② 化学的エステル交換

日本国内で食用油脂の化学的エステル交換触媒として許可されているのは、水酸化ナトリウムとナトリウムメトキシドである。

前述したように、化学触媒でのエステル交換では、脂肪酸交換の位置特異性がなく、脂肪酸配列がランダム化してしまう。したがって、パーム油のように1、3飽和2不飽和型トリグリセリドが多い油脂については、シャープな融解特性が失われてしまうことがある[3)]。

この化学的エステル交換の利用方法の一例に、硬化油と同様マーガリン用油脂への利用があり、後述する。

③ 酵素的エステル交換

酵素的エステル交換触媒に用いられるリパーゼは植物、動物、微生物から単離されるが、その多様性から一般的に微生物由来の酵素を用いる。使用される微生物はクモノスカビ（Rhizopus delemar）やケカビ（Mucor javanicus）が主流である。これらのリパーゼはトリグリセリドの1、3位に特異性を有し、安定性・経済性の面から多孔質の無機物等に固定化され、カラムに充填されバイオリアクター反応装置として利用されている。リパーゼは一般には高温では触媒活性を失う。しかし、最近では85℃で最適活性を示すリパーゼが見つけられ、実際の油脂加工への利用が始められている。[4] このリパーゼはAlcaligenes sp 由来でトリグリセリドの1、3位に特異性がない。化学触媒と同様にランダムエステル交換反応を触媒し、固定化せず化学的エステル交換の触媒と同様、粉末のまま油脂に分散させて使用できる点に特徴がある。

(3) 分　別

油脂加工における分別とは、油脂の融点差によるトリグリセリドの分画を指す。分別は主にパーム油の加工法として発展してきたので、以降パーム油の分別について述べる。図表11—6にパーム油分別の概略を示した。

分別によって得られるパーム高融点部をパームステアリン、パーム中融点部をパームミッドフラクション、パーム低融点部をパームオレインと呼ぶ。分別方式は溶剤分別、界面活性剤分別、乾式分別（ドライ分別）がある。

① 溶剤分別

ケトン系、アルコール系、炭化水素系などの適当な溶剤に油脂を溶解して得られたミセラを冷却する

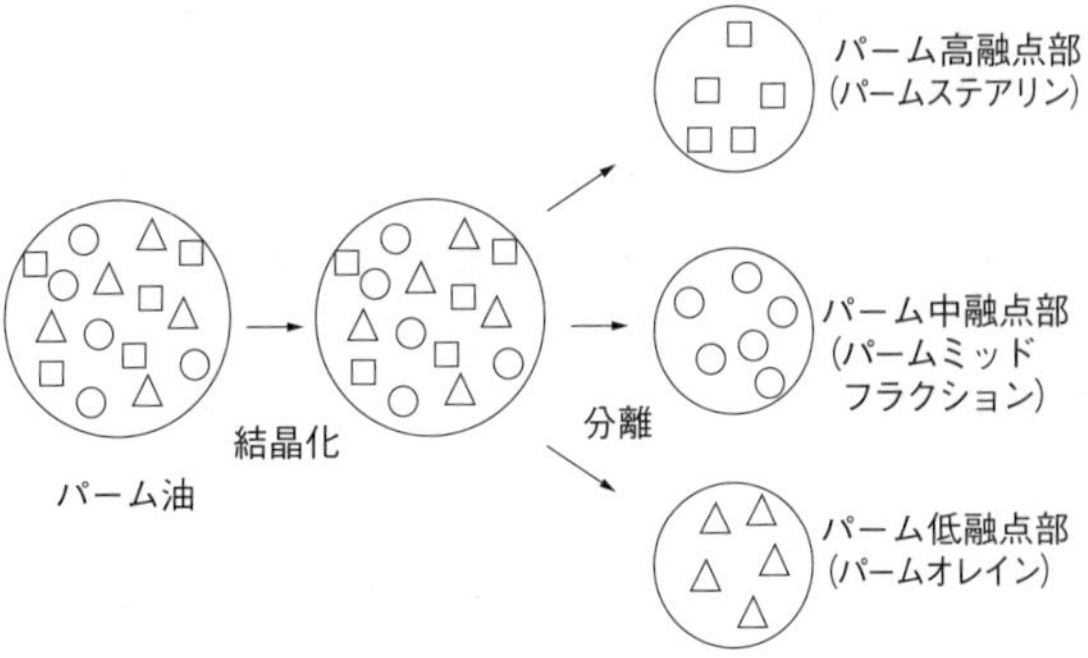

図表11－6 パーム油の分別

ことで高融点トリグリセリド等を結晶化させ、適当なろ過装置を用いて結晶部と液体部に分離する方法。分離後の各フラクションからそれぞれ脱溶剤して目的の分画油脂を得る。

②乾式分別

溶剤を用いず油脂のみの冷却により結晶化させた後、圧力をかけて液体油を搾り出して分画する方法。パーム油主要産地のマレーシア、インドネシアで乾式分別が実用化されており、最近では、連続式装置の改良が進み、処理量の改善も進んでいる。[5)6)]

③界面活性剤分別

溶剤分別の問題点を補い、安いコストで収率の良い分別を目指して構築された技術。油脂のみを冷却して結晶化させ、界面活性剤を含む水溶液を添加し、結晶化部分を湿潤、分散させてから遠心分離で液体油層と結晶を含んだ水溶液層を分離する方法。最近では乳化剤のコンタミネーションの問題などから界面活性剤方式は採用されていない。

④ **多段分別**

パーム油の分別では、ココアバター代替脂のパームミッドフラクションと液状油として扱えるパームオレインの分画を目指して、溶剤分別と乾式分別の組み合わせや乾式分別による多段分別が行われている。図表11―7に実際に行われているパーム油の乾式分別による多段分別の概要図を示した[7]。

2　加工品とその利用

(1) ショートニング

① **定　義**

ビスケットやクッキー、クラッカーなどの焼き菓子では、食用油脂を練りこむことで、もろく砕けやすくできる。このような現象をショートニング性ということから、練りこまれる食用油脂をショートニ

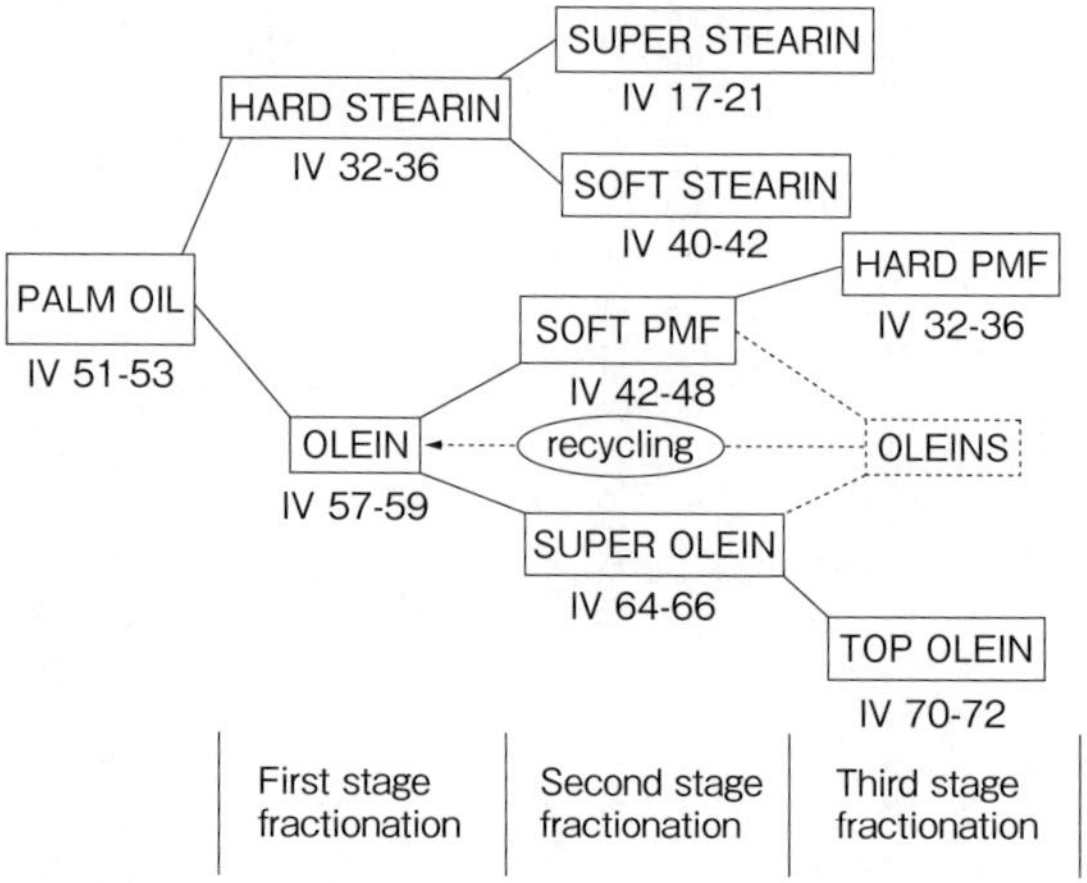

図表11―7　パーム油の乾式多段分別[7]

ングと称している。

日本農林規格では「食用油脂（植物油脂の日本農林規格第二条に規定する香味食用油脂を除く）を原料として製造した固状または流動状のものであって、可塑性、乳化性等の加工性を付与したもの（精製ラードを除く）」と定義されている。固状(可塑性)ショートニングでは商品の保型性を保つためにある一定の硬さをもつ油脂を使用しなければならない。

② 硬　さ

硬さを表わす指標となる油脂物性値として、SFC（Solid Fat Content）あるいはSFI（Solid Fat Index）と略される固体脂含量指標が用いられる。第7章3(3)の通り、現在はSFCが主流である。

この数値は各温度での油脂結晶量を示し、数値が高いほどその温度における油脂結晶量が多く硬い。求められる原料油脂の特性は、マーガリンが風味や口どけの良さが重視されるのに対して、ショートニングは常温での延びの良さや菓子生地への親和性が重視される。

流動状ショートニングは液体の油脂と乳化剤のコンビネーションにより、ショートニング特性をもたせている。

(2) マーガリン

① 定　義

日本農林規格では「食用油脂（乳脂肪を含まないもの又は乳脂肪を主原料としないものに限る。以下同じ。）に水等を加えて乳化させた後、急冷練り合わせをし、又は急冷練り合わせをしないでつくられた可塑性のもの、あるいは流動性のものであって、油脂含有率（製品に占める食用油脂の重量の割合をいう）が80％以上の物」と定義されている。マーガリンは家庭用マーガリンと製菓・製パンメーカーで使われる業務用マーガリンとがある。

② 用途別の結晶含量

マーガリンは、タイプ別にペストリー、ケーキ、テーブルの3つに大別され、用途によって要求される油脂の硬さが異なる。[8] 3つのタイプに要求される特徴的なマーガリンのSFCを図表11－8に示した。[9)10)]

ペストリーマーガリンはシートパイなどに利用されるもので、各温度で保型性が要求され結晶含量の高いものが使用される。ケーキマーガリンは口どけが良好になるように30℃以上では融けやすい結晶含量になっている。また、テーブルマーガリンは消費者がスプレッドする際の温度として15～25℃を想定し、この温度での展延性を良くするように結晶含量が調整されている。消費者が冷蔵庫から出してすぐスプレッドできるタイプは10℃の結晶含量を調整している。

このように用途に応じて適正な結晶含量となるよ

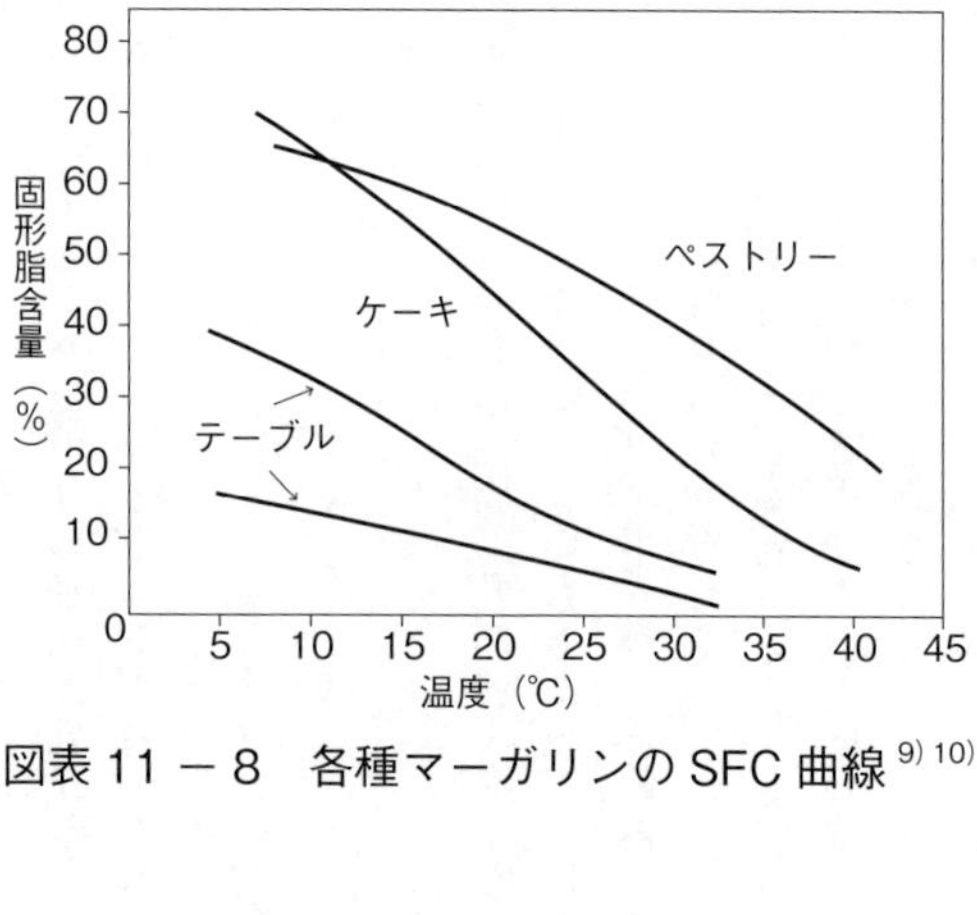

図表11－8　各種マーガリンのSFC曲線[9) 10)]

うに、使用される油脂の結晶含量も調整されている。

③ 製　造

これら複雑なSFCを示すマーガリンの製造に1品種の油脂で適合させることは困難であり、いくつかの油脂を混合して調整される。一般的には硬さをもたせる成分としてパーム油や牛脂などの固形脂のほかに綿実油や大豆油を水素添加して融点を35℃程度にしたものを用い、さらに、適度な延びや柔らかさを与えるために綿実油、とうもろこし油、大豆油などの液状食用油を適当量配合している。

マーガリン原料油脂としては硬化油だけではなくエステル交換油脂も利用される。前述のような硬化油由来のトランス型異性体についての健康上の懸念から、硬化油の代わりにエステル交換油脂への利用が増加しつつある。

(3) 加工油脂

① 加工油脂とは

日本農林規格に定められたマーガリンとショートニングの定義に入らないものは、いわゆる狭義の意味での食用加工油脂ということになり、さまざまな組成の食用加工油脂がパンやケーキ、クッキー、チョコレートなどの用途に使用されている。

このような食用加工油脂として、食感や風味などの面でパンや洋菓子などの用途に応じてさまざまな特性を付与できる機能を備えたものが製造・利用されている。たとえば、チョコレートに使われているカカオ代用脂もそのような食用加工油脂の一つである

また、先述したパーム油の分別により得られた各融点の分別油はマーガリン、ショートニング用途のほか、図表11－9のような用途に加工油脂として利用されている。

② ココアバター代替脂

一般にチョコレートは、カカオマス（カカオ豆を炒ってから細かく砕きペースト状にしたもの）と砂糖、粉乳およびカカオ脂（カカオ豆から搾油して得た固体状油脂でココアバターとも呼ばれる）などからつくられている。

カカオ脂が使われる理由は、口どけが良く風味も優れているからだが、温度が高くなると融けてべたついたり、保存中にブルームと呼ばれる表面の白色化が生じたりする。逆に、温度が低い冬季には固くなりすぎて口どけが悪くなる問題がある。そのため、カカオ脂に代わり、さらにはカカオ脂の欠点を補い得る機能をもったココアバター代替脂と呼ばれる食用加工油脂がつくられ、チョコレートに使われている。ココアバター代替脂の製造に前述の1、3位に特異性を有するリパーゼを用いた酵素的エステル交換と分別が組み合わせて利用されている（図表11―10参照）。

③ イミテーションクリーム

生乳から製造したクリームをケーキや菓子パンなどのデコレーションに使う場合、泡立ててホイップクリームの状態にして使うが、日持ちしないことやホイップの持続時間が短いなどの点から、性能の良いイミテーションクリームがつくられている。このクリームは植物性の加工油脂を主原料とし、粉乳やバターミルクなどの乳成分、乳化剤、安定剤などを配合してつくられている。

〔参考資料〕

1）ＷＨＯホームページ（２０１９年4月）
Fats, oils, food and food service industries should join global effort to eliminate industrial trans fat from processed food by 2023
2）内閣府食品安全委員会ホームページ「新開発食品評価

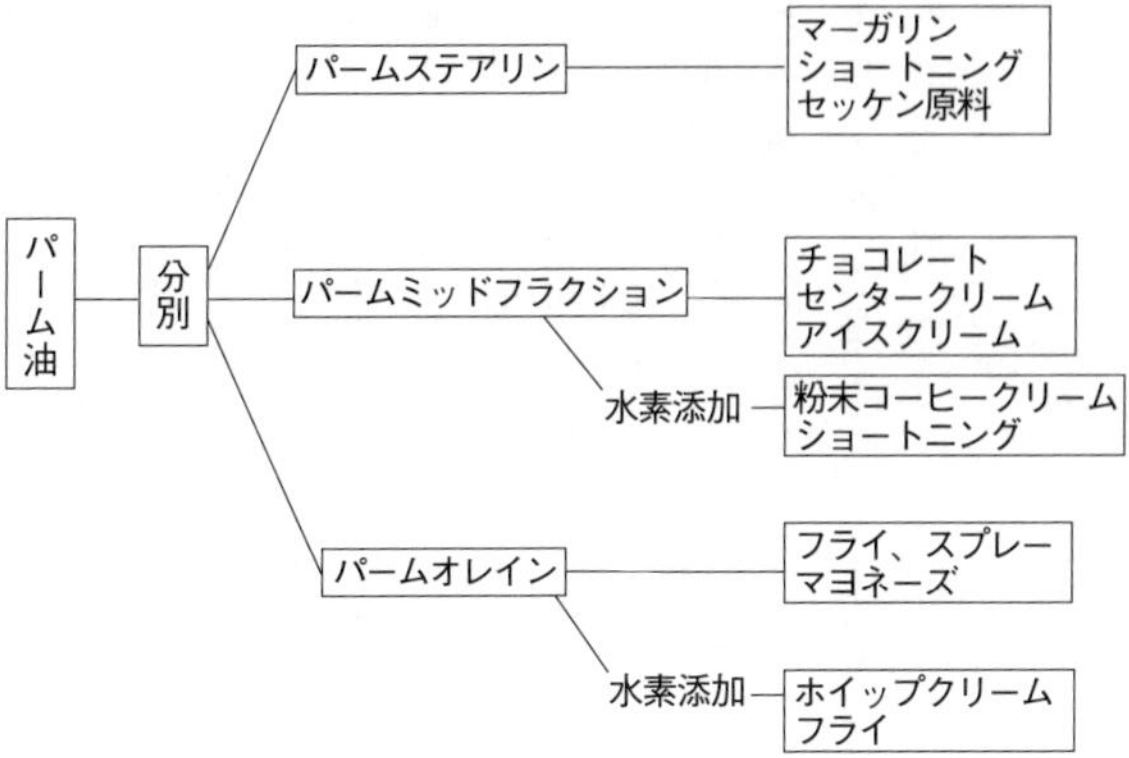

図表11－9　パーム分別油の利用

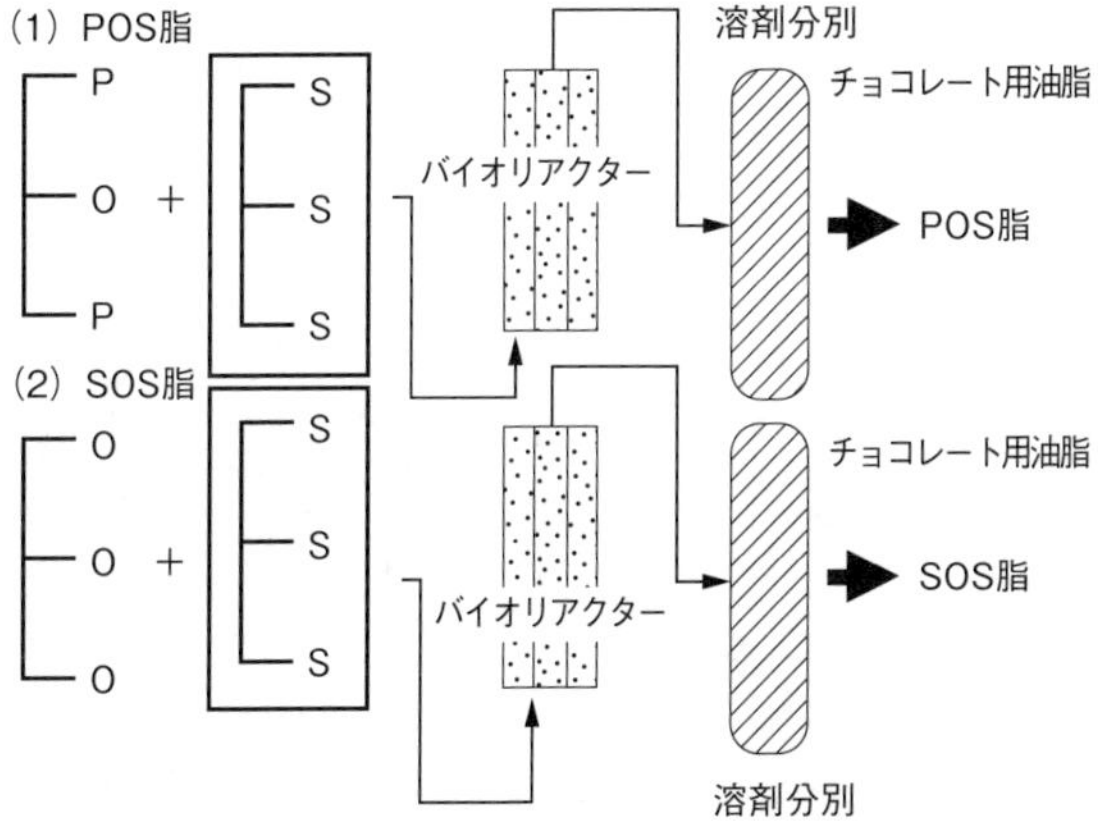

図表11－10　酵素エステル交換の利用法

書」食品に含まれるトランス脂肪酸（２０１２年３月）
3) Hustedt,H.H "Interesterification of Edible Oils" JAOCS 53（６）390-392（1976）
4) Negishi, S et.al., "Activation of powdered lipase by cluster water and the use of lipase powders for commercial esterification of food oils"Enzyme and Microbial Technology 32 66-70（2003）
5) 科野裕史「ドライ分別技術の現状と新たな展開」日本油化学創立50周年記念大会第41回日本油化学会年会講演要旨集 DS21（P.78-79）（２００２年）
6) Albert J. Dijkstra "Dry Fractionation"Lipid Technology September 2012, Vol. 24, No. 9　208-210
7) Deffense, E "Dry multiple fractionation:trends in products and application" Lipid Technology, March：34-38（1995）
8) 日本マーガリン工業会ホームページ「マーガリンの基礎知識」（２０２２年８月現在）
9) Berger K.G,Y.K Teah "Palm Oil:THE MARGARINE POTENTIAL" FOOD MANUFAC-TURE INTERNATIONAL Nov./Dec.20-22（1988）
10) Asia Pac J Clin Nutr 2005：14（４）：387-395

第12章 油と法規制

食用油脂の生産、販売に直接的、間接的に関わる法律はかなりの数にのぼる。ここでは個々の法律の解説を行うのではなく、原料の輸入から製品の表示にいたる流れのなかで、主要な法律との関わりを記す。

1 原料や製品の調達にかかわる法規制

(1) 油糧原料

国内で搾油される植物油の原料は、米ぬかを除いてほぼ全量を海外からの輸入に頼っている。なたねや大豆のような油糧原料を輸入する際は「食品衛生法」「植物防疫法」「関税定率法」が関係する。

輸入者は、食品衛生法にもとづき輸入港管轄の検疫所に食品等輸入届出書を提出するが、その際同時に関税や植物防疫の手続きを行う。

① 残留農薬基準（食品衛生法）

食品中に残留する農薬、飼料添加物、動物用医薬品については、2006（平成18）年5月のポジティブリスト制度への移行前は、基準の定められていない成分は基本的に取り締まりの対象外であった。食品衛生法の改正により、基準が定められていない物質は原則、食品中に残留を認めないという考えで、残留を認めるものについて農薬・食品の組み合わせごとに最大残留許容値を設定し、許容値を設定しないものは一定の数字（一律基準）を許容値として採用するという制度（いわゆるポジティブリスト制度）に移行した。

なたね、大豆その他の油糧原料は、生産段階から除草、殺虫、殺菌の目的で使用基準に従って農薬が使用されているが、野菜等と違って種子であるため莢に入っているものが多く、虫害も少ないため、薬剤の直接散布の影響は少ない。水揚げされる原料は、毎年策定される厚生労働省の輸入食品監視指導計画に従ってモニタリング検査が行われる。また、輸入商社、製造業者が連携して任意の自主検査を長年継続して実施している。

② カビとカビ毒（食品衛生法）

油糧原料にとって、カビとカビ毒の問題がある。輸入された原料にカビが発生していればその分は廃棄処分等になる。積地での衛生性や水分の管理と、航海中の水濡れ防止や湿度管理が大切である。カビ毒ではアフラトキシンが代表的だが、メジャーな油糧原料で問題になったことはない。

なお、食用油に原料由来の農薬やアフラトキシンが万一混入したとしても、後の精製によって除去される。

③ 植物防疫（植物防疫法）

農林水産省の所轄で、輸入植物および国内植物を検疫して植物に有害な動植物を駆除し、その蔓延を防止し、農業生産の安全と助長を図ることを目的にしている。輸入する植物は輸出国の政府機関の発行する検査証明書を添付する必要がある。輸入者の申請にもとづき植物防疫官による輸入品の検査が行われ、対象となる病害虫の付着がないことが要求される。万一、対象病害虫の付着があれば、消毒あるいは廃棄することになる。油糧種子では、時によって害虫が潜入していることがあり、その際は薫煙殺虫（薫蒸）を行う。

④ 遺伝子組換え（食品安全基本法、食品衛生法）

植物油脂の原料となる農産物のなかで、なたね、大豆、とうもろこし、綿実の4種類は遺伝子組換え技術を利用した改良品種が開発され、海外で広く栽培されている。これらの作物は生産国および日本で安全性評価が行われ、許可されたもののみの輸入が認められている。

国際的な安全性評価はOECD（経済協力開発機構）合意による「実質的同等性」という概念をもとに、CODEX（国際的な食品規格）にて策定された基準で評価が行われている。日本における安全性評価は、食品・飼料としての安全性について食品安全委員会、厚生労働省、農林水産省がそれぞれの役割のなかで審査、評価、認可する形が取られている。また、国内で栽培されることを想定した場合の環境影響評価は、通称カルタヘナ法に基づく評価を文部科学省、環境省、農林水産省で行っている。

油糧原料をはじめ農産物の輸入に際しては、これらの評価をパスしていない遺伝子組換え作物が含まれていないことを担保する。とくに非遺伝子組換え作物を取り扱う際には、分別流通管理（IPハンドリング）の証明のために必要な書類を準備することが義務づけられている。

遺伝子組換え技術は、効率的な農産物の生産方法として今世紀の食糧問題を担う重要な技術だが、新しい技術に対していろいろな反響がある。実質的に従来の作物と変わらず（実質的同等性）、安全性や農業環境に問題のないことが科学的に評価されているので、内外における課題は表示が焦点になっている。

わが国では、遺伝子組換え農産物であるもの、あるいはそれを分別流通管理していないものは遺伝子組換えの表示が義務づけられており、分別流通管理した非遺伝子組換え作物は任意（表示不要）である。日本に輸入される搾油用の大豆は大部分が分別流通管理されていないため、穀物として市場に流通する際には遺伝子組換え表示が必要である。この原料が植物油となった場合の取り扱いは「3　植物油脂の商品にかかわる法規制」に記載する。

(2) 食用油脂

① 食品添加物（食品衛生法、日本農林規格）

食用の油脂を輸入する際の問題は、まず、食品添加物の基準である。海外とわが国の基準が違うため、輸入できないことがある。食品衛生法によって使用が認められていない食品添加物や使用基準に定められた添加量に注意する。また、食品衛生法で認められていても、日本農林規格（ＪＡＳ）によって制約を受けるものがあるので、ＪＡＳ格付商品を扱う際は後述のＪＡＳ規格を参照の上、適切な対応が必要である。

② 輸入関税（関税定率法）

現在、原料種子類と油粕類は無税である。油脂を輸入するときは、原油精製油ともに関税の対象になっていたが、２０１８年以降のＣＰＴＴＰや日豪ＥＰＡなどの締結により、大豆油・なたね油では、段階的に低減が行われ、撤廃が予定されている。

2 製造や貯蔵における法規制

(1) 食品衛生法

ほとんどの食品に食品衛生法による規制が適用される。食用油脂を製造・加工する際は食用油脂製造業としての設備基準に従って認可を受ける。さらに、管理基準として、製造または加工の過程において衛生上の管理が必要となり、有資格者である食品衛生管理者（責任者）を置いて管理に当たらなければならない。

(2) ＪＡＳ法

ＪＡＳ法は通称で、正しくは「日本農林規格等に関する法律」。この法律は任意の制度だが、国が制定した規格により一定の品質であることを保証するＪＡＳ規格制度である。

農林水産大臣の認可を受けた登録認証機関の審査を受け、製造等の施設や有資格者による品質管理がＪＡＳ法で定める技術的基準を満たした認証工場で製造され、ＪＡＳに適合した製品のみがＪＡＳマークを付けることができる。ＪＡＳについては、次の節で改めて説明する。

(3) 消防法

植物油脂の製造と消防法との関わりには2つの側面がある。一つは、多くの植物油脂を抽出する際に使用する溶剤（ヘキサン）を対象とする危険物の規制であり、引火性の高い危険物として厳しい設備基準と管理基準の下で運営されなければならない。

もう一つは、食用油脂自体にかかる規制である。かつて動植物油脂は第４類危険物の一つとして扱われ、製造、取り扱い、貯蔵について基準が定められていた。しかし、これらの油脂は引火による火災の危険性がきわめて低いことと、海外の基準に比べて規制が厳しすぎる状況を踏まえて見直しが行われ、２００１（平成13）年7月の法改正によって、引火点２５０℃以上の同油脂は危険物から除外された。その結果、２㎥を超える食用油脂は指定可燃物の可燃性液体として扱われ、市町村の火災予防条例の規制を受ける。

(4) その他の規制

植物油脂の製造、貯蔵に際しては、環境関係法、労働基準法、自治体の各種条例等、多くの規制がある。それぞれの専門に応じて必要事項を参照されたい。

3　植物油脂の商品にかかわる法規制

(1) 食品添加物

① 食品衛生法

食品添加物は、指定添加物、既存添加物、天然香料、一般飲食物添加物の4つのカテゴリーに分類され、これらに該当しないものは使用できない。また、食品添加物には必要に応じて規格と使用基準が定められており、これらに合致した品質、使用が前提である。食用油脂に用いられる代表的な食品添加物はトコフェロール類だが、天然由来のミックストコフェロールやこれから分離した各構造異性体は既存添加物に、化学的な合成によるものは指定添加物に分類されている。

② 日本農林規格（JAS）

JASマークを付した製品の基準は、食品添加物に関する一般規格に適合するものであるが、使用できる食品添加物に厳しい制限があり2022年現在、食用植物油脂のうち家庭用を想定した4kg未満の製品には、栄養強化の目的で*d*－*α*－トコフェロールとミックストコフェロールが認められているだけである（香味食用油を除く）。4kg以上の製品では酸化防止剤としてのトコフェロールと長時間のフライ調理の際の泡立ち防止を目的としたシリコーン樹脂の使用が認められている。

(2) 容器包装

① 食品衛生法

食品の容器包装は食品衛生法の規定に基づいて定められた「食品、添加物等の規格基準」（昭和34年12月28日厚生省告示第370号）によって守るべき品質と試験法が規定されている。容器包装の材質はガラス、金属、プラスチック、紙等多岐にわたり、とくにプラスチックは種類が多い。ガラス容器では重金属等の基準が定められ、プラスチック容器については、溶出試験の基準が定められている。プラスチックは材質によって性質が異なるため、それぞれに基準が設けられていたが、2020年6月より食品用器具・容器包装のポジティブリスト制度への改正が告示された。

② 消防法

かつて植物油脂が危険物であったときは、容器の強度試験、落下試験、タンクローリーの規則等、油の漏洩に対する基準が設けられていたが、前述のとおり危険物から外れたため、2㎥を超える植物油について自治体の火災予防条例に従って指定可燃物の可燃性液体としての規制を受けることになった。

(3) 品 質

食用植物油脂の品質の規格としては日本農林規格（JAS）があり、2022年現在、18種類の植物油脂、34規格が定められている。一例としてなたね油に定められている3規格を第4章の図表4—5に示した。表中で「なたね油」とあるものは、なたね赤水等と呼ばれる品質で、なたねを焙煎後に搾油し湯洗い等の軽度の精製を施したものである。また、揚豆腐などの揚げ油に用いられる。「精製なたね油」とあるのは、かつて「てんぷら油」、現在「白絞油」という名称で呼ばれるものである。「なたねサラダ油」は、マヨネーズ、ドレッシング、マリネ等の料理に生の状態で使用されることが多い。

食用植物油脂以外の食用油脂として動物脂や加工油脂類があるが、これらも「精製ラード」「食用精製加工油脂」の日本農林規格が定められている。

製品にJASマークを付して流通させるには、JAS法で定める技術的基準を満たした認証工場で生産され、JAS格付（日本農林規格に適合すると有資格者が確認すること）された製品でなければならない。

JASの認証工場になるには、製造、保管、品質管理にかかわる施設基準や有資格者による品質管理の実施方法を定めて技術的基準を満たすことを、あらかじめおよび定期的に登録認証機関の審査を受けこれらの条件が整っていると認証される必要がある。製造された製品は格付の検査を自ら行うか第三者検査機関による分析を行い、検査値がJAS規格への適合を認証工場の有資格者が確認して格付を行っている。

4　表示に関する法規制

(1) 食品表示法

① 義務表示事項

食品の表示に関する法律は「JAS法」「食品衛生法」等、複数にまたがっていたが、2015（平成27）年4月より食品表示法に統一された。食品表示法では食品表示基準に基づき、食品の区分（加工食品、生鮮食品および添加物）、事業者の区分（食品関連事業者とそれ以外の販売者）ごとに義務表示、任意表示、表示の方法、表示禁止事項等を定め、2020年度から適用が開始された。

一般用加工食品での義務表示事項は、「名称」「原材料名」「アレルゲンを含む原材料」「添加物」「内容量」「賞味期限」「保存方法」「食品関連事業者の氏名又は名称及び住所」「製造所又は加工所の住所及び製造者又は加工者の氏名又は名称」である。これらを容器包装の見やすい箇所に一括して記載することが基本である。また、「栄養成分の量及び熱量」の表示も義務化された。

・名称……「食用大豆油」等、食品表示基準別表第4の「横断的義務表示事項に係る個別ルール」に従い、表示

・原材料名……原材料に占める重量の割合の高いものから順に「食用大豆油」等、食品表示基準別表第4の「横断的義務表示事項に係る個別ルール」に従い、表示

・添加物……原材料名欄の食用油の名称の後に、原材料名とは区別して「□／」などを挿入して」、あるいは添加物という項目を立てて、添加物名を表示

・原料原産地表示……原材料名欄の第一位の食用油の名称の後に原産国の記載［（ ）を付けてその中に」、あるいは原産国名という項目を立てて、原産国を記載。また、原産国に代えて、中間加工原料の製造地表示でも可能

・内容量……グラムまたはキログラムの単位で記載

・賞味期限……定められた記載方式で、年月または年月日で記載

・保存方法……「直射日光を避け、冷暗所で保存」等、適切に記載

・食品事業者等の氏名または名称および住所……表示内容に責任を有するものを記載

・製造所または加工所の所在地……製造所または加工所の所在地、製造者または加工者の氏名または名称を表示

・栄養成分の量および熱量……たん白質、脂質、炭水化物、ナトリウムの栄養成分及び熱量を記載

② その他の表示

義務表示事項以外の記載項目として、「アレルゲ

ン」や「遺伝子組換え食品」に関する事項がある。アレルギー表示については、落花生油と大豆油、ごま油が食用油脂に関わる。しかしながら、油脂中の総たん白質が数μg/g含有レベルに満たない場合は表示の必要はないとされている。食用油脂では原材料等に食用落花生油、食用大豆油、食用ごま油という記載をするため、必然的にアレルギー表示を行っていることになる。

遺伝子組換えについては、食用油脂は最新の技術でも組換えDNA等が検出できないため、表示義務はない。

また、日本農林規格で決められた等級区分である「○○サラダ油」や「精製○○油」の名称はJASマークを付した商品以外には使用できないので注意する。

複数の油脂を配合した商品に特定の油脂名を冠する表示については、その油脂の配合割合が60％以上なら調合○○油、30％以上60％未満なら○○油入りと表示できる。

(2) リサイクル法

正式名称は「資源の有効な利用の促進に関する法律」。この法律によって、食品容器にも消費者が分別して廃棄できるような目印（リサイクル識別表示マーク）の表示が義務づけられている。

この制度は単にマークを付けるだけではなく再資源化を促進するためのものであり、メーカーは廃棄された容器の処理を代行する機関に登録した上、処理費用を負担する義務がある。

(3) 製造物責任法

「製造物責任法（PL法）」は、製造物の欠陥により損害が生じた場合の製造業者等の損害賠償責任について定めた法律である。食品においても商品の潜在的な危険性を考慮して、不適切な使い方による事故等を防止するために必要な注意を喚起する、いわゆる警告表示が行われている。

食用油では、揚げ物のとき鍋を火にかけたまま離れて火災になった例が多いので、この点を注意する表示が行われている。

(4) 景品表示法（不当景品類及び不当表示防止法）

表示すべき項目、事項に関する法律ではないが、事業者が商品のラベル等への表示に関して、虚偽・誇大あるいは優良誤認となるような内容を禁止する法律である。

5 油脂の取扱い・利用にかかわる法規制

(1) 菓子の製造・取扱いに関する衛生上の指導について

1977（昭和52）年11月16日「環食第248号」で、油脂を含む食品の油脂変敗にともなう食品衛生上の危害を防止する目的で、油処理した菓子の指導要領が定められている。指導の対象となる油菓子は、油分を10％以上含むものに適用され、指導事項は製造施設、製造管理、容器包装および表示、製品の管理が記載されている。第一は機械の材質、構造、機械の管理について、第二は原材料の品質と管理・製造法、第三は油脂の変敗を防止する包装と取扱注意等の表示、第四は保存・販売上の注意が記されている。とくに、販売する菓子は具体的な油脂の基準値が定められており、第10章の図表10―11に示す範囲の酸価、過酸化物価でなければならない。

また、油処理した即席めんについて、77年3月23日「環食第52号」では製品からの抽出油脂について、酸価3以下、過酸化物価30以下という基準が示されている。

(2) HACCPに沿った衛生管理の制度化

「食品衛生法等の一部を改正する法律」（平成30年法律第46号）が、2021（令和3）年から本格施行された。これにともない原則として、すべての食品等事業者に、一般衛生管理に加え「HACCPに沿った衛生管理」が導入された。各食品事業者団体が「HACCPの考え方を取り入れた衛生管理のための手引書」を作成し、調理用油脂を適切に管理することが求められている。詳しくは第10章7を参照されたい。

(3) 弁当およびそうざいの衛生規範について

前項のとおり「食品衛生法等の一部を改正する法律」が施行されたことにより、1979（昭和54）年6月29日「環食第161号」によって、製造時の衛生性に配慮を行う目的で定められた「弁当およびそうざいの衛生規範について」が廃止された。同規範は長年にわたり調理用油脂の基準としての役割を担ってきた経緯があり、次の基準が示されていた。

原材料として使う油脂の品質については酸価1以下、過酸化物価10以下と基準値を定め、揚げ物をする際は200℃以下の温度で揚げ、油脂が7％減った際は新たに油脂を補充する。揚げに使う油脂の品質が変化（劣化）した際の基準として発煙点170℃、酸価2・5、カルボニル価50を超えたときは、新しい油脂に交換する。判断の目安として発煙、カニ泡、粘性等の状態を観察するように指導していた。

6 国際規格（FAO／WHO CODEX規格）

CODEX（コーデックス）とは、国際貿易上必要な食品について消費者の保護と取引の公正を確保する目的で、FAO／WHOが合同で設けた委員会によって作成される規格を意味する。あわせて、表示についての規則も作成されている。1995（平成7）年にGATTが世界貿易機構（WTO）に改組した際、TBT協定とSPS協定により国際貿易上の紛争等はCODEXを基準とすることになり、国際規格として重要な位置づけである。

わが国は国内法が整備されており、それがCODEXとかならずしも整合していない。現在CODEX規格自体は国内での制約力はないが、国際的な商品の流通を促進するという観点から、CODEXと連動しない規格は非関税障壁になりうる。国内規格の見直しに際してはCODEX規格に準拠する形が現われている。

CODEXは、すべての食品に通用する共通事項と、個々の食品に適用する個別規格に大別される。共通事項としては表示、衛生、残留農薬、分析等がある。個別規格は食用油脂類、スプレッド類、植物たん白、ココア、チョコレート、乳製品等がある。

食用油脂関係の規格は、大豆油など由来植物名が冠せられた個別植物油の規格（STAN210）、オリーブ油の規格（STAN33）、個別動物脂の規格（STAN211）、それ以外の動植物油脂の規格（STAN19）等がある。

個別植物油のCODEX規格がJAS規格と大きく異なる点は、CODEXでは脂肪酸組成が前面に出ており、JAS規格項目であるヨウ素価、屈折率、比重、けん化価などの特性値が任意項目の扱いということである。

また、個別の食品規格以外にも表示、食品添加物、有機農産物、遺伝子組換え食品など、多様な分野での規格、基準の制定が行われ、議論されている。

7　法的基準、表示の見直し

法律や規制、基準は、社会環境や時代に則して常に見直しが行われるものである。

例として、食品添加物の不正使用やＢＳＥ発生、輸入食品への毒物混入、食品の偽装や不正流通等、多くの事件の発生にともなって食品の安全・安心が最大の関心事となってきた。消費者庁、食品安全委員会、消費者委員会が設置されて諸事項を検討しているので、それが法規制に反映される。

また、国際間のボーダレス化によって、最近は海外の原料や製品が食生活に大きな役割を占めるようになった。日本の食自給率はカロリーベースで約40％程度といわれ、植物油脂にいたっては原料を含めて90％以上を輸入に頼っている。こうした環境では国際的な法規制との整合性が必要で、農薬の残留基準や食品の諸規格も可能な限りＣＯＤＥＸとの整合をもって制定、是正されている。

商品にとっては、規格と並んで表示が大切な役割を果たす時代になり、各種の表示が見直されている。消費者庁では現行の食品表示制度が複数の法律に分散していることからわかりにくい制度になっているとして、表示に関わる法律の一元化を図るため新たに食品表示法を制定した。今後、食品表示に関わる具体的な制度の策定、変更を行う場合には、日本国内の状況を十分に踏まえつつ、国際規格とのハーモナイゼーションが図られた、消費者にとって真に意義のある制度の実現を期待したい。

執筆者紹介

〔第１章〕
水野　毅（(一社）日本植物油協会 参与）

〔第２章〕
齊藤　昭（(一社）日本植物油協会　専務理事）

〔第３章〕
若松大輔（昭和産業㈱ 生産技術部油脂技術グループリーダー）

〔第４章〕
横山英治
（日清オイリオグループ㈱　生産統括部部長 兼 環境ソリューション室室長）（第４章１、２）
髙田裕樹
（日清オイリオグループ㈱　横浜磯子工場副工場長）（第４章３、４）

〔第５章〕
横山英治
（日清オイリオグループ㈱　生産統括部部長 兼 環境ソリューション室室長）（第５章１）
岩岡栄治（不二製油㈱油脂事業部門油脂開発部部長）（第５章２）
今義　潤
（㈱Ｊ-オイルミルズ　フードデザインセンターイノベーション開発部）（第５章３）

〔第６章〕
澁谷忠久（昭和産業㈱ 基盤技術研究所油糧科学研究室室長）

〔第７章〕
今義　潤
（㈱Ｊ-オイルミルズ フードデザインセンターイノベーション開発部）

〔第８章〕
竹内茂雄
（㈱Ｊ-オイルミルズ　油脂事業本部営業統括部ソリューション事業部開発部開発企画グループ長）（第８章１～４）

徳永邦彦
（日清オイリオグループ㈱　ユーザーサポートセンター主事）（第８章５、６）

〔第９章〕
野坂直久
（日清オイリオグループ㈱　技術本部中央研究所研究第７課主管）

〔第10章〕
竹内茂雄
（㈱Ｊ-オイルミルズ　油脂事業本部営業統括部ソリューション事業部開発部開発企画グループ長）

〔第11章〕
岩岡栄治（不二製油㈱ 油脂事業部門油脂開発部部長）

〔第12章〕
水野　毅（(一社) 日本植物油協会 参与）

監修者の略歴

齊藤　昭（さいとう あきら）

一般社団法人日本植物油協会専務理事

昭和27年広島県生まれ。53年神戸大学大学院を修了、国家公務員上級甲合格後、農林水産省食糧庁に農林水産事務官として入省。その後、59年に同省食品流通局企画課企画係長、企画官などを経て、平成8年に野菜供給安定基金に出向し企画指導部長、13年に大臣官房参事官、その後、流通課長、大臣官房情報課長、同　政策報道官。19年に近畿農政局長、21年に大臣官房統計部長、京都大学特命教授など歴任し、25年社団法人日本植物油協会（当時）の専務理事に選任、現在に至る。著作に「「農」の統計にみる知のデザイン」など。趣味は「いなりの謎」調べ。関心テーマ「後ろ髪のない勝利の女神とリスクの関係」、座右の銘は、倭姫（やまとひめ）の「慎みてな怠りそ」。

食品知識ミニブックスシリーズ「改訂３版　食用油脂入門」

定価：本体 1,200 円（税別）

平成11年4月14日　初版発行
平成16年10月29日　新訂版発行
平成25年8月30日　改訂2版発行
令和5年5月31日　改訂3版発行

発　行　人：杉田　尚
発　行　所：**株式会社　日本食糧新聞社**
〒104-0032　東京都中央区八丁堀 2-14-4
編　　　集：〒101-0051　東京都千代田区神田神保町 2-5
北沢ビル　電話 03-3288-2177
FAX03-5210-7718
販　　　売：〒104-0032　東京都中央区八丁堀 2-14-4
ヤブ原ビル　電話 03-3537-1311
FAX03-3537-1071
印　刷　所：**株式会社　日本出版制作センター**
〒101-0051　東京都千代田区神田神保町 2-5
北沢ビル　電話 03-3234-6901
FAX03-5210-7718

カバー写真提供：PIXTA（ピクスタ）
なたね油：shironagasukujira ／オリーブオイル：my room ／米油：SORA ／紅花：ニッシー／胡麻油：masa44 ／ palm oil：Chadamas ／大豆：buru

ISBN978-4-88927-284-0　C0200

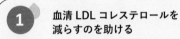

JOYL
Joy for Life
料理が変わる。
ごちそう
鮮度の
オリーブオイル。
JOYL
OLIVE OIL
EXTRA
VIRGIN
鮮度にこだわったオイル
スペイン産オリーブ100%
オリーブオイル
100%
JOYL
OLIVE OIL
EXTRA
VIRGIN
鮮度にこだわったオイル
スペイン産オリーブ100%
スマートグリーンパック
かけやすい!捨てやすい!
500g
POPEYE
© Hearst Holdings, Inc.